大都會文化
METROPOLITAN CULTURE

大都會文化
METROPOLITAN CULTURE

到中國開店正夯ㄏㄤ

一股開店創業風，正火熱席捲而來！

◎范修初 著

前美國聯準會主席葛林斯潘：

「2030年的世界將會變成什麼模樣……？
如果中國繼續推動邁向自由市場資本主義，
世界繁榮勢將提升至新的層次……。」

全球經濟正向中國靠攏，搶賺人民幣已是世界趨勢！你，不該再猶豫、錯過！

編輯室手札

台灣人愛賺錢世界皆知，但與其說是愛賺錢，倒不如說是喜歡奮鬥，喜歡靠自己打拚，喜歡札札實實的賺錢；而要札札實實的賺錢，最快的步驟就是開一家自己的店，有自己的小事業、自己的夢想、自己來當老闆！所以，就是這個熱愛奮鬥的精神，我們造就了台灣奇蹟，出現了台灣的石化、科技工業，成就了經營之神與台灣首富。

然而，一般小老百姓要輕易成功致富，最快的方法莫過是開一家「吃」的店了。民以食爲天，看看我們街道的繁榮樣貌，哪一個「頭家」不是胼手胝足而有今日的模樣。開「吃」的店不僅國人喜愛，連國外友人造訪，也絕不錯過。所以說台灣人是最愛開「吃」店的民族也不爲過，小至夜市的路邊攤，或是自己連人帶車四處跑的快餐車，大至全台拓點的連鎖店，一杯小小的飲料要橫跨港澳、北美、星馬都不足爲奇了，更何況是到中國去開家正「夯」的店！

本書就是依照這個精神，在台灣「頭家」準備要登「陸」作戰時，請先參考本書裡中國對正「夯」的店的認識。或許書中熱門的店不是你要前去經營的種類，然而，它們卻是中國人最容易接觸與熟悉的店種。請詳讀當中的管理制度與細節規範，與其盲目的西進或孤注一擲，了解中國民情，以保守模式開家正「夯」的店，才不至於一投資便跌個倒栽蔥喔。

前言

開店創業就要發揮出特色和優勢，現代市場是個性化的市場。市場上賣同樣東西的店鋪到處都是，要使顧客上門非得有一些特點不可。店鋪的特色，當然要配合顧客的需要。至於如何去發揮，則要特別考慮。除了要注意店址和開店條件，還要考慮該地區的收入水準、文化水準等等。其實，特色並不限於商品，其他如良好的服務、華麗的店面、誠懇的員工等，只要發揮其中一兩項特點，就足以吸引顧客上門了。

以往的店鋪生意經中，「貨賣獨一家」是賺錢的關鍵秘訣。現代市場的發展，這條秘訣已經過時，因爲很難做到「貨賣獨一家」。形成店鋪的經營特色就是現代市場環境中的「貨賣獨一家」。

經營特色，做好特色功夫當然必不可少，現在街上都是商店，若要顧客走進你的商店，你就得弄出一點特色，一家商店好比一個人的特點，商店沒有特色，就變得毫無品味。不知你是否注意到，商店陳列的商品雖然相同，但若服務不同，則會使商品和價值顯得不同，這就是塑造商店特徵的關係。做好商店特色功夫，就是要適合顧客的胃口尤其是特殊需要。除了要注意地域性和開店條件，還要考慮該地區的經濟水準，文化素質等等。倘若商店開在工薪階層地區，節假日也應該照常營業，有時還可營業到深夜。在發揮特色過程中，有時難免受到空間、人事、技能及資金等現實因素的限制，這時應先從可能的事項著手，一步一個腳印去做好特色文章，如把重點放在自己較爲熟悉的商品及較有競爭性的商品上去。特色服務不能僅限於商品本身，誠懇的態度、合適的店面、員工的素質也是特色之一。筆者認爲，開店就必須經營特色，這樣不僅可以使店鋪經營良好，還避免同質化競爭導致的價格惡戰。爲此，經營特色就必須做到以下幾點：

(1) 善於創新

經營特色，特別是開辦商店，要不斷玩出新花樣才會有發展前景，墨守成規或死搬硬套的模仿他人，終究是跟在人家屁股後面爬行，結果是總慢於他人節拍，使商店很難有經營上的起色。任何商店在經營管理上都必須表現出自己的內在功夫，方可創造出生命力，這也是贏得顧客的要點之一。經營特色就必須勇於創新，在競爭日趨激烈的時代裡，做任何一種生意都有可能碰到各種挫折和挑戰，但必須讓自己去突破困境，而不是隨意削價銷售商品。老闆一定要拿出魄力和決斷力，在創新方面去力求尋找新的機會。

(2) 關注顧客的實際需要

經營特色的一個最大的特點就是關注顧客的實際需要，商店生意興隆與否取決於顧客的購買欲望和購買力，所以商店只有不斷關注顧客的實際需要，方可讓消費者買到所要的東西。還有一點不可忽視：顧客的觀念，未必處處跟生意人相同。因此商店只有設法瞭解顧客的需要，然後才能滿足他們。開家商店，要做到把自己看成是在替顧客採購商品的角色，同時傾聽顧客的聲音，集思廣益，這樣才會全方位瞭解顧客的眞正需要。可以說，瞭解顧客或叫市場調查是開店的「第一步」。

(3) 站在顧客的立場上才能突出你的特色

經營特色，就必須站在顧客的立場上，這樣你的店鋪就會越做越大，經營者如果不追求成長，或不向更高目標衝擊，你就體會不到身在商海的喜悅和充實感。一個生意人若只想混日子，整天抱著成長與否都無所謂的心態，那麼，在你商店裡的員工就會受到一種潛移默化的影響。商店業務的成長，通常都是以營業額來衡量。要想提高營業額，就必須加強與經營有關的一切活動，如銷售、採購、資金、人員等等。當然，這些強化的工作，必須建立在一個完善的總體經營理念上。

(4) 把握潛在的良機

經營特色，就必須能夠把握住許多商機，如果能夠抓住，很多時候，生意的成功在於是否能夠掌握潛在的良機。商店在平時要善於選擇適當時機，調查顧客預定購買的物品以及購買時間，這樣在銷售上就方便了。以電器商店爲例，爲顧客送貨或修理，事情辦妥後，不要扭頭就走，最好附帶看看顧客家裏其他電器是否有毛病，順便作一點簡單的服務，培養顧客對你的信賴感。還有，在安裝或修理過程中，你要盡力表現出一種親切又細心的態度，營造顧客對你產生好感的氛圍，這樣一來，這個客戶的朋友們有可能將成爲你的新顧客。

(5) 追求合理的利潤

經營特色目的就是追求合理的利潤，開商店，目的就是嫌錢，所以，不能單憑賣的方式一味地去吸引顧客，而是應以更好的服務內容去獲得正常的合理的利潤。然後從正常的利潤中，取出一部分再投資到整體事業中，以便長期性地對顧客提供更完美的服務以及更佳的商品。

經營特色就是避免同質化競爭。麻雀成群結隊，喜歡群食，只要發現一點食物，就一哄而上，爭而食之，爭的結果，使得不少麻雀白費功夫，勞而無食。然而，在市場競爭中，有不少商家爭占市場，也熱衷於打「麻雀戰」，看到別人經營服裝賺了錢，心裏就癢癢，不爭而食之就難解心中不快，沒隔幾天，張三、李四、王五一齊趕來，你賣西裝，我也賣西裝；你賣眞絲裙，我也賣眞絲裙，千人一面，千篇一律。很多經營者就是見不得別人的生意紅火，見了就跟，今天看見別人開酒吧有錢賺，不加分析論證，也把老本掏出來辦個酒吧；明天看見別人經營加油站發了財，貸款也要搞它個規模更大的加油站。如此這般依葫蘆畫瓢，拖垮了他人，也賠掉了自己。

須知，激烈的市場競爭，值得應用的是「老鷹戰術」，老鷹翺翔藍天，俯瞰大地，居高臨下，視野開闊，發現目標便抓住契機，一舉捕之。經商辦企業也一樣，忌諱一哄而起，講究的是獨闢蹊徑，敢於開拓，創出個性與特色。

目錄

第三章 咖啡店

第四章 日本料理店

目錄

第七章 美容美髮店

第八章 健身房

第一章
個性酒吧

可行性研究

要想開一家賺錢的酒吧，必須先進行可行性研究。可行性研究大致有如下幾個方面：

一、自身技能分析

開酒吧不是說開就能開得了的，在開始籌建之前，必須看一下你及你的合夥人懂不懂這一行業的知識，如果懂，那就很好，否則，盲目的投資，是相當危險的。要吸取相關的知識來先接受培訓，要不然，就出錢聘請一位行業內人士來負責管理你的酒吧。你可以慢慢跟他學，等你學好了，就可以獨自經營了。

二、市場分析

對企業來說，一項投資方案是否可行主要是指在經濟上是否可行，即投資後是否能夠得到預期的回報，決定這一結果的重要因素之一就是市場狀況。因此，可行性研究需要大量有關市場的資訊，這是整個可行性研究的重要依據資料，而這些資訊只有透過調查才能獲得，需要對市場訊息進行搜集、預測和分析。

隨著中國市場經濟的不斷發展和完善，人們的價值觀也逐步走向以市場價值爲尺度，特別是對於直接進入市場領域的產品和服務，必須以客戶和市場的認同爲準則。換言之，我們所設計、設想的項目或各種經營創意無論從理論上講多麼符合時代發展潮流，多麼富有個性，而最終的衡量標準只有市場需求。市場不接受，消費者不接受，再獨特的創意也是失敗的創意。因此，在計畫實施前必須進行市場需求狀況的調查和預測。比如，酒吧所需要的消耗用品比較特殊，供應商較少，需要專門尋找供貨管道。要開設這些項目就必須事先尋找到穩定的消耗用品供貨管道，並列出供應計畫。

三、競爭對手分析

酒吧業競爭主要表現在特色化上，特色化是酒吧的生命。如果一家酒吧沒有自己的特色，那麼這家酒吧就可能沒有穩定的客源。特色就是與衆不同，是酒吧對客源具有吸引力的根本。因而，對競爭對手的分析就應集中於競爭對手的經營特色上，特別是成功的酒吧的運營特色。

在對競爭對手分析時，也要考慮對手的酒吧名稱，分析它們取名的特點，並給自己的酒吧取個好名。酒吧的名字可以說是招徠客人的關鍵，也是該店今後誠待天下客的門面。選擇酒吧的名字，最好易記易讀，除了考慮到西方味，也可與中國文化加以組合，一個能使中國人一目了然的店名肯定很受歡迎。

通常，酒吧的店名多以懷舊、敘情、幽默、卡通、歷史名城、名人等名字來命名，目的自然是爲了感召客人。尤其是現代酒吧，多以群體式經營，可謂一家接一家，要是店名和門面不能吸引顧客，無疑前景暗淡。如果有了一個能招徠客人的店名，加上員工鼎力合作，給客人一個良好、溫馨的環境，再加上消費合理，物有所值，業務定然成功發展。

四、酒吧的定位

所謂的定位，是指以消費能力爲依據進行市場細分，明確以市場中哪一部分消費者作爲目標市場，並根據目標市場消費者的喜好和需求確定建築風格、裝修裝潢、設備等級以及經營方式。

經營酒吧，必須先進行定位，定位的依據就是根據自身的經濟實力確定目標市場（即進來消費的主要顧客群）。

選址是經營的重要內容

選擇理想的場地來經營酒吧很重要。投資者在選擇任何經營場地時，總難免思前想後，開酒吧更是如此。近年來，酒吧業是一個非常被看好的投資行業，而且前景越來越被看好，原因是現代社會日趨國際化，生活方式的快節奏加上居住格局的變化，特別是現代化城市的喧嘩使人們的神經繃得像上緊的發條。因此，渴望寧靜，渴望溫馨，渴望人與人的溝通，成爲酒吧業越來越興旺的原因。

一、你不會不選黃金地帶

以下四點可供投資者參考：

第一，文化層次較高的區域，居民又較爲集中的地段，可經營一些大衆化的酒吧或咖啡店。由於消費不高，又能提供一個舒適文雅的場所，自然會吸引不少喜愛社交、文化交流的朋友。

第二，臨近旅遊及商務往來頻繁的賓館，一則客源穩定，二則通常許多來客喜歡把與朋友的約會安排在附近場所，酒吧便是其輕鬆交談的首選場所。

第三，較為理想的場地，是把酒吧開在高檔住宅區及通往商業區的路段。每當夜幕降臨，這些區域便呈現出生機，是經營酒吧理想的場所。

第四，外商、外使館機構較為集中（特別是設有使館）的地段，是經營酒吧最為理想的位置，這裡往往是那些外國人款待朋友的最佳地方。

除此之外，還應注意若干酒吧聚集在一塊形成的酒吧地段，如此能造成一種群體的優勢和氛圍。

王小姐在北京市海澱區經營了一家圖書酒吧，利潤相當不錯，可以算是一個成功的例子，據她自己說，成功的最大原因在於選對了地點。對於剛開業的人來說，最苦惱的莫過於選擇地點了。事實上，王小姐也不是一開始就在這裡進行經營的，她換過兩次地點。王小姐決定在現址開店以前，曾經有意在一個寧靜的社區進行經營，後來發現那裡的過路客太少，只有很少一部分人會光顧，於是便決定將地點選擇在鬧區，後來終於找到一個理想的地點。那裡人來人往，客流量很大，而且租店的費用也還合理，但這裡很少有酒吧、咖啡店、夜總會，是不大適合夜生活的商業區，和自己經營圖書酒吧的風格、氣氛都不符，所以，王小姐放棄了這個想法。

接著又經介紹，有一處距車站一公里左右的地點，位於舊住宅區的商業街一角，各種條件看起來不錯，但這一帶都是日用百貨的專賣店，又和自己的圖書酒吧氣氛不符。最後，王小姐選中一處高級住宅區的一個角落，這裡鄰近街邊，從高架橋上，就可以看見店內的陳設，過往行人也可以順便進來喝一杯，這樣王小姐的生意日漸興隆。

二、地點不能決定一切

不可否認，具有高度流行性的酒吧，如夜總會、舞廳、俱樂部等，大都要在商業中心經營才有好生意。但是，日常休閒光顧的休閒酒吧，如書吧、玩具吧等，還是在離住宅區鄰近的位置經營爲佳。

有些經營規模較小的業主，往往會避開酒吧較多的地方，而把自己的酒吧開設在較爲偏僻的地方，使自己在競爭中不至於失敗。

事實上，酒吧多的地帶，正是酒吧繁榮的地方，這裡顧客雲集，酒水的吞吐量大。而偏僻的地方，即使競爭的對手少，可是沒有顧客，你把酒水賣給誰呢？所以，要想有理想的經營效果，就應該把自己的酒吧儘量往繁華地帶擠。至於別人的規模比自己的大，也不必擔心。

小規模自有小規模的好處，我們可以在酒水的「奇」和「精」字上下功夫。小酒吧要想在大酒吧的夾擊下生存和發展，只有在經營的花樣上與衆不同，才是較好的選擇。雖然在品種和數量上比不過人家，但是，可以就某一品牌的酒做到應有盡有，比同類的大酒吧的品種還要齊全。

目前都市的市郊地段，也開設了很多鄉村格調的酒吧，這意味著一個觀念的轉變——即地價低廉的地段，也同樣有生意可做，而且還相當有潛力。再比如，過去認爲只有在鬧區、繁華地段才適合經營啤酒屋，而現在一些小型啤酒屋，乃至大型酒吧，也都紛紛出現在住宅區中，但也並不是意味著在住宅區內開設一家酒吧就能成功。在住宅區開設的酒吧有一個共同性，就是業主體認到要先把自己和當地居民打成一片，這一點是非常重要的。

有一家大約四十平方公尺的小酒吧叫「會員酒吧」。這家小酒吧是由店家精心調製的雞尾酒作爲號召，表面上看起來，似乎和別的小酒吧沒有什麼區別，但是，它與別家小酒吧最不同的是，每星期的公休日，酒吧便成爲附近居民交誼的場所。

具體說來，這家「會員酒吧」利用每週的公休日，把場地提供給附近居民，作爲休閒、聊天、會友的交際場所。此外，他們也接受當地居民們精心製作的手工藝品，代爲出售，這同時也點綴了酒吧風格。「會員酒吧」的業主是張女士，她介紹說，當初開設此店的意圖是邀請擁有各項技藝卻無傳授途徑的人，利用酒吧場所，透過朋友們的介紹和共同興趣，以此展賣自己所製作的小工藝品，如果以此而獲得收入者，便可以入會，並且提供酒吧場地，由他們自由溝通。張女士希望「會員酒吧」扮演的是一個溝通的角色，作爲所有同好者的交誼橋樑，眞是「醉翁之意不在酒」。

「會員酒吧」成立不足一年，就已有六百多位會員，會員繳納一定數量的會費，用作酒吧使用費、學費、作品介紹費等等，把這些雜七雜八的費用算在一起，一年的收入也相當可觀。「會員酒吧」的服務由附近的八個家庭主婦來做，她們採用四班制，每班五小時，隔日一班。因爲交際廣，地面熟，所以店員經常和熟人閒聊，這樣，便充分顯示出地域性的親切感。在今天，各種資訊已深入人們的日常生活，很多學習方法都是在遊戲中得來的，類似「會員酒吧」這種透過興趣集中在一起學習並且提供交誼場所的方法，對於吸引固定的客人是十分有效的。

酒吧的結構與分類

調外，第一是要配備一定數量和種類齊全的酒水，並有陳列擺設；第二是有各種用途不同的酒杯；第三是供應酒水必備的設備和調酒用的工具。

一、酒吧的結構

爲了呈現風格與情調，酒吧在結構的設計上可以盡其所長。酒吧因服務規模的大小和功能不同，其外觀式樣、內部結構及裝飾也各不相同。但所有酒吧都是由吧台（或稱前吧）、操作台（或稱中心吧）和酒櫃（或稱後吧）組成的。酒吧吧台的具體形狀可以有多種多樣的設計，但大體上可分爲以下幾種類型。

1. **直線型**

即吧台爲長條型設計，兩端與牆壁連接。這類吧台可以是突出在酒吧間中央，也可以是退縮進酒吧間的一面牆中，而且吧台的形狀也並非拘泥於一條直線，它可以是任何優美流暢的曲線造型。

直線型吧台的最大優點在於酒吧調酒師或服務生在任何位置上，都不會背對賓客，從而有利於他對整個酒吧的巡視和控制。吧台可長可短，沒有統一的規定，應視設施的規模及賓客量而定。直線型吧台較適合站立式酒吧和服務型酒吧。

2. **馬蹄型**

這種吧台多爲馬蹄型或橢圓形，吧台前配以高椅，一排排酒杯倒吊在吧台上方，顯得典雅和諧，四周環境要求體現出歐陸色彩和氣氛。這種形式的酒吧，環境幽雅，很適合喜歡清靜高雅、獨處的賓客。但當賓客較多時，很難對所有賓客都服務到，會使某些賓客受到冷遇。

馬蹄型吧台與直線型吧台的區別在於，直線型吧台的酒吧，酒類的陳列、冷藏以及其他各種櫥櫃、用具均爲靠牆一線排列。但在馬蹄型吧台的酒吧中，則通常作島型集中佈局。此類吧台造型較適合站立式酒吧及雞尾酒廊。

二、酒吧的分類

世界各地的酒吧不計其數，但從服務方式上看大體可分爲四種類型，即站立式酒吧、服務型酒吧、雞尾酒廊和宴會酒吧。每一類型的酒吧都有自己的特點和功能，但無論何種酒吧，其經營目的都是相似的，即爲客人提供酒水和服務，並贏得利潤。

1. 服務型酒吧

服務型酒吧常見於飯店餐廳及較大型的社會餐館的廚房中。中國許多飯店餐廳中的酒櫃實際上也是服務型酒吧，因爲賓客不直接在吧台上享用飲料，雖然他們有時從那裡購買飲料，但通常是透過餐廳服務生塡單並提供飲料服務。一般來說，服務型酒吧的服務生並不與賓客發生直接的接觸。由於服務型酒吧主要為在餐廳用餐的賓客服務，因而佐餐酒的銷量比其他類型的酒吧要大得多，同時，與其他類型酒吧相比，服務型酒吧供應的混合飲料的品種較少。服務型酒吧的佈局一般為直線封閉型，但由於服務型酒吧不需要有酒類陳列櫃，因此站立式酒吧中酒櫃的位置在服務型酒吧中，往往由各式冷櫃佔據，而在吧台或叫做櫃檯的上方安裝一個櫃子用以存放各種原料用酒。

2. **雞尾酒廊**

雞尾酒廊通常帶有咖啡廳的特徵，格調及其裝修佈局也類似。但是供應飲料和點心，不供應主食。也有一些座位在吧台前面，但客人一般不喜歡坐上去。這類酒吧有兩種形式：一是大廳酒吧，在飯店的大廳設置，主要為飯店客人暫時休息、約會、等人、候車而準備的。二是音樂廳，其中也包括歌舞廳和卡拉ＯＫ廳。

3. **站立式酒吧**

「站立式」酒吧也稱主酒吧（Open Bar），在國外也就是英美正式酒吧。

「站立式」酒吧是最爲常見的吧台酒吧，是最典型、最有代表性的酒吧設施。「站立」並非指賓客必須站立飲酒，也不是因服務生或調酒師皆站立服務，實際上只是一種傳統的習慣稱呼而已。在這種酒吧裡，賓客或是坐在高椅子上靠著吧台，或在酒吧間的桌椅、沙發上享受飲料服務，而調酒師則是站在吧台裡邊，面對賓客進行操作。

4. 宴會酒吧

宴會酒吧是飯店、餐廳爲宴會業務而專門設立的酒吧設施，其吧台既能隨時拆卸移動，也可以是永久地固定安裝在宴會場所。

宴會酒吧的業務特點是營業時間較短，賓客集中，營業量大，服務速度快。有的飯店要求調酒員每小時能服務一百名賓客，因而宴會酒吧的調酒員、服務員必須頭腦清醒，工作有條理，具有應付大批賓客的能力。由於上述特點，又要求調酒人員和服務人員事先做好充分的準備工作，各種酒類、原料、配料、冰塊、工具等必須有充足的貯備，以免營業過程中缺這少那而影響服務。

然而，近年來，很多酒吧都改變了傳統的經營方式，逐步走上了新觀念、新風格的經營之路，酒吧已逐步成爲提供資訊的場所。新一代年輕人，他們的社會地位不斷提高，經營能力逐漸加強，而且越來越對休閒、嗜好類酒吧感興趣，他們的酒吧往往能呈現出一種活力。他們經營酒吧的目的，也是透過這類經營活動，來結交一些興趣相投的朋友。

這類酒吧和傳統的酒吧完全不同，他們的功能已有俱樂部的形態。另外，還有一點值得一提，許多人經營酒吧，盈利已不是唯一的目的。例如喜愛書籍的人就組織起「讀書俱樂部」，利用節假日，集合同好，投入到書籍的懷抱。又如啤酒屋已不再僅僅是供情侶們溫情蜜意的地方，也具備了交流資訊、溝通情報的功能。酒水不再被視爲單純的飲品，也被視爲聚友溝通的好管道。

案例之一

某酒吧位於市中心，面積不到五十平方公尺，但卻有著四個明顯的特色。以這樣的小規模經營，居然能創造出如此大手筆的營利，在崇尚個性的今天，確實值得同行借鑑。

第一個特色，店裡的三十多個座位皆用書櫃隔開，書櫃中放著一千多本書籍、五十多種月刊、週刊和報刊，顧客可以自由取閱不必辦理任何手續。因為這一特色，使得顧客源廣為拓寬，從高中生到七十多歲的老人，凡愛看書的人，都是他們的常客，甚至還有一些顧客是遠道而來的。

第二個特色，這家小酒吧將客人分門別類，以他們的興趣為標準，組成各種「興趣小組」。甚至還發行小型通訊錄，以方便他們彼此之間的聯繫。另外，偶爾還組織啤酒舞會、麻將比賽、圍棋比賽、股票講演會，來豐富他們的文化生活。

第三個特色，成立了以大學生為對象的講師補習班，舉辦以女性顧客為主的花道展覽，有系統的培訓一些學生和失業青年的求職能力，為他們提供特殊服務。

這家小酒吧的每個角落都徹底的利用了，充分發揮了提供諮詢和交誼的功能。

酒吧老闆的經營思想確實獨出心裁，但他並未喪失原則，例如他對員工禮貌方面的要求相當嚴格，即使再熟的顧客也不允許亂講話，亂開玩笑，否則，就會被解雇。但這並非單方面的要求，他對顧客的要求也並非不嚴，店內貼著警語：「凡抽菸或違反店內規則的請出店外」。

這便可以視為這個酒吧的第四個特色——選擇顧客。這種經營方式看起來似乎不可思議，但是這家酒吧開張一年以來，會員迅速發展，擁有七百多位會員。

案例之二

現在，有很多酒吧採用原始、粗獷或樸實的裝飾風格，因為，許多整天在商圈打轉的人，逐步將腳步邁向戶外，走近自然。他們對於酒吧的原始性與自然性，有著強烈的興趣，因此，很多追求樸素、原始、自然的酒吧，也就應運而生。

與其說這些酒吧提供酒水服務，不如說提供了充實的精神生活，這也正是這類酒吧越來越受歡迎的原因。

一位在美國經營酒吧的先生，曾經在歐洲各地學習了三年時間，然後在華盛頓市郊開設了一家酒吧。這家店距市中心大約有五分鐘的路，正是一個新興的社區，其中有六家酒吧和老闆的酒吧相同。但是，這家的酒水卻是六家中價格最昂貴的，難道他的酒水有什麼特色嗎？

這家酒吧是用紅磚瓦砌成的三角形屋，內部裝潢則為雪白的牆、綠色的窗框、藏青色的地毯，十足表現出高貴的格調和高雅的氣氛。酒吧中，所有的職員都穿著制服，白色底綠邊的圍裙加上綠色的領結，簡單大方而又不失

特色，給所有的顧客以一種清閒整潔的印象。在幾十平方公尺大的店面裡，老闆附設了包廂，專供香茶和咖啡，另外，在酒吧中放置了他精心製作的各種糕點，看起來新鮮、美味，令酒客垂涎。這家酒吧，還有一個很特別的地方，那就是在架格上擺放著玩偶，看起來既可愛又別致。總之，他的店裡充滿了別出心裁的創意，在引人注目的設計中，仿佛整個酒吧都有生命，擁有個性。

這家酒吧，經營一年多時，營業額已比開店之初上升了五十～六十%。顧客範圍從市區擴大到邊遠的郊區，其中有些是驅車而來的，而這些遠道而來的顧客卻占了所有顧客的八十%。

一般說來，開設在郊外新興社區的酒吧，多半以社區的青年為固定客戶，但是，這裡的顧客，年齡卻在二十～五十歲之間，一般以男性居多，其中中年固定客戶占九十%。大致說來，在社區的生活中，很難接受這種形態的店。但是，這家酒吧開設了蛋糕製作室，推廣美味的蛋糕製作，贏得了良好的口碑，不僅吸引了附近的人前來飲酒，還獲得外地顧客的支持。

酒吧服務的九大原則

酒吧服務員和調酒師在整個服務過程中必須做到以下幾點：

一、笑臉相迎

客人來到酒吧時要主動招呼，笑臉相迎，並用優美的手勢請客人進入酒吧，熟客可直呼其名，使客人有親切感。

二、主動離開

把調好的酒水送給賓客後，應立即退離吧台或臺面，千萬不要讓客人誤認爲你在偷聽他們的談話，除非客人直接與你交談，更不要隨便插話。

三、女士優先

服務中要牢記「女士優先」的原則，但要注意不要只和女客人或漂亮的女性聊天而冷落他人，甚至引起誤會。

四、客人永遠是對的

認眞對待、禮貌處理客人對酒吧的任何意見或投訴，牢記「客人永遠是對的」。

五、輕聲應答

如果在上班時間必須接聽電話，談話應輕聲、簡短。當有電話要找賓客，即使賓客在場也不可告訴對方賓客在此（特殊情況例外），而應回答請等一下，然後讓賓客自己決定是否接聽電話。

六、令賓客放心、舒服

配料、調酒、倒酒應在賓客看到的情況下進行，目的是使客人欣賞服務技巧，同時也可使賓客放心：所使用的酒水原料正確無誤，操作符合衛生要求。

七、牢記品牌

記住賓客喜歡的酒水品牌。對客人未喝完的瓶裝酒水可徵求客人意見為其保存，以便下次光臨時繼續飲用。注意要在瓶上標明有關事項。

八、謹慎的交談

與客人交談時，要注意：第一，由客人提起話頭；第二，避免談論政治、宗教、信仰等容易引起分歧的話題；第三，不要爭論，議論他人短長、是非、私生活；第四，要學會傾聽他人談話。

九、不要讓顧客不耐煩

任何時候都不許對客人有不耐煩的語言、表情或動作，不要過於熱情地推薦酒水，以免引起反感。不能讓賓客感到你在取笑他喝得太多或太少。顧客花錢的多與少不是熱情服務與否的標準。

酒吧的經營

酒吧經營的主要內容是控制，沒有控制就沒有利潤。控制是指控制酒水成本和控制人員（控制「人」是指控制員工行為和顧客的行為），二者不可偏廢，任何一方出現漏洞或差錯，收益就會受到影響。

一、酒吧的利潤管理

說一千道一萬，利潤是開店的目的所在。提高酒吧的毛利額，對酒吧的經營者來說，是管理上的重點。在實際經營中，很多因素往往會影響毛利額的升降。諸如克服酒水採購管道，可以縮短產銷的距離，或是通過酒類特性的塑造，用以提高酒的附加價值，使酒的成本能降低或者酒的價格可以訂高，當然這在酒類的開發與採購上必須擁有很強的實力。此外，在內部管理方面，對於酒水存量的有效調節及損耗的防止，也是確保毛利額不容忽視的重點。在酒類毛利率的控制與酒類價格變動時間的掌握上要靈活運用，使酒水能在最合理與最有利的情況下，以最適當的售價順利地銷售出去，從而有效地確保毛利額。

首先在毛利額的掌握上，一個基本觀念必須先予確立，當我們採購一批酒水時，若進價九十元（人民幣），而售價定爲一百五十元，並不能保證這批酒都可以維持四十％的毛利率。由於難免某些酒會失竊、損壞等，尤其是季節性的啤酒、流行性的葡萄酒、易變質的飲料或易破損的酒瓶等，經常會有下列情形發生：

(1) 有些葡萄酒有的時候要折價出售。

(2) 在季節的後期，有一部分啤酒必須降價出售。

(3) 有些飲料會因爲污損、破裂、變質、變色乃至失竊等因素而發生耗損。

諸如此類，都會影響這一批酒水的利潤額，所以我們通常在說某批酒的毛利額時，正確的情況應該是要把這降價、折扣、耗損等金額加以扣除，因此我們不妨把前項的四十％稱爲「粗利益率」，而在扣除降價率、折扣率、耗損率後，才能眞正求得這批酒水的確切的毛利率，酒吧經營者若要有效地掌握酒的毛利額或毛利率，這個觀念必須加以確立。

在管理上必須考慮這批酒過去的銷售實價、需求動向以及氣候因素、市場競爭狀況等綜合地加以判斷，以便能夠針對這些因素展開有效的營業計畫與利益計畫。

二、酒吧的人員配備及工作安排

1. 酒吧的人員配備

酒吧人員配備根據兩項原則，一是酒吧工作時間，二是營業狀況。酒吧的營業時間多為上午十一點至凌晨一點，上午客人是很少到酒吧去喝酒的，下午時間客人也不多，從傍晚直至午夜是營業的高潮時間。營業狀況主要看每天的營業額及供應酒水的杯數。一般的主酒吧（座位在三十個左右）每天可配備調酒師四～五人。酒廊或服務酒吧可按每五十個座位每天配備調酒師兩人，如果營業時間短可相對減少人員配備。餐廳或咖啡廳每三十個座位每天配備調酒師一人。營業狀況繁忙時，可按每日供應一百杯飲料配備調酒師一人的比例，如某酒吧每日供應飲料四百五十杯，可配備調酒師五人，依此類推。

2. 酒吧工作安排

酒吧的工作安排是指按酒吧日工作量的多少來安排人員。通常上午時間，只是開吧和領貨，可以少安排人員；晚上營業繁忙，所以多安排人員。在交接班時，上、下班的人員必須有半小時至一小時的交接時間，以清點酒水和辦理交接班手續。酒吧採取輪休制，節假日可取消休息，在生意清閒時補休。工作量特別大或超時加班時，可安排調酒員加班加點，同時給予足夠的報酬。

三、酒吧服務管理

所謂接待客人，就是給客人提供一段愉快的時間。客人產生了不滿，對客人來說，就談不上愉快了。只有意識到了這一點，才能順利地去處理。當你清楚地知道是客人的原因，而不是酒吧的責任時，也不要去反駁客人。如果你駁倒了客人，讓客人帶著沮喪的心情離開的話，下次客人是不會再來的，而且會給酒吧的聲譽造成不好的影響。讓心情不舒暢、不高興的客人度過一段愉快的時間，那麼客人還會有不滿嗎？做出一副道歉的樣子，讓客人清楚地明白你的心情，是消除客人不滿的要點之一。用表情、行動、語言去表現，能很好地傳達你的心情。但是，不要假惺惺的，否則這樣會帶來相反的效果。

比如客人說：「玻璃杯有個缺角喲！」而你漫不經心地回答：「是嗎？」或者「真有缺角嗎？」這無疑是火上澆油。對待客人的抱怨時，應選擇恰當的說話方式。如果你說了「抱歉」、「對不起」，而沒有行動表現，客人會認為你只是口頭上說說而已，反而會更生氣。道歉要用行動來表現。

要表現出誠意，就一定要有行動。客人喝水果酒時，感到味道不對時，會問：「是不是味道有點淡？」這時只說「抱歉」是不行的？客人是不會接受的，說了「抱歉，請稍等！」後應將水果酒端回去加點味道，或是為客人換一杯，必須要有這樣的行動。客人對於水果酒味道的不滿，必須慎重對待，因為這關係到酒吧的聲譽，一定要請示主管（老闆），不要我行我素。

雖然酒吧總想給客人最滿意的服務，但是難免因為服務時的不小心，而導致客人有所不滿。有時即使不是服務生的錯，而是客人單方面的問題，也會導致客人的不滿。重要的是，在客人表示不滿時，不要回避，不要頂撞客人。客人的不滿將會成為對酒吧的有用的經驗。接受客人的指責，有下面兩個好處：

一是酒吧及從業人員成長的機會；二是提高客人對酒吧評價的機會。

發牢騷的客人不是完全討厭這個酒吧，如果處理得當，說不定這個客人還會成為酒吧的常客。這樣的例子有很多，透過認眞處理客人的不滿給客人一個印象是這家酒吧工作認眞。平常的服務工作，與客人正面接觸的機會很少。解決客人的牢騷時，提供了與客人較長的正面接觸的時間，提供了了解客人心理的機會。

遇到什麼事如果都採取逃避的態度，是不會有進步的。接受客人的牢騷是令你改進服務方面的好機會。有利於提高以後再發生類似情況時的應變能力。

不論誰都會有牢騷，但是，如果發生這樣的事情時，沒有考慮到它的正面意義，是不能妥善地處理顧客的不滿的。於是你就要眞正記住一些原則以便隨時靈活使用。客人的不滿是在不可預料的時候發生的。事情發生後，不要驚慌、混亂，要冷靜思考。回憶一下接觸過的實例，找出與之相似的情況，並用類似的方法來處理，漸漸地，就可以找到符合原則的有效處理方法。

隨時將注意到有關客人的不滿之事記在特定的小冊子上，利用閒下來的時間，定期與同事相互交流。例如是什麼情況下發生的、該怎樣處理、類似的情況發生時怎樣處理較好。相互交流時，請注意以下幾點：

1. **確定類別**

不滿有很多種，到底是哪種不滿，事先應具體確定其類別。

2. **分析現狀，找出問題**

不滿是在怎樣的條件下發生的，怎麼處理的，問題出在什麼地方。

3. **對於問題，各自提出解決方案**

要解決問題怎樣做才好呢？每個參與者都應盡可能地提出解決方案。

4. **選出最好的解決方案**

徵得參與者的一致同意，選出這個問題的最佳解決方案。提出這個最佳方案的具體實施方法，詳細地指出最佳時機，盡可能地實施這個方案。定期按以上順序進行互相的交流，可以使服務員對客人的不滿的洞察力提高。處理不滿時如果用坦誠的態度去面對客人，對客人也好，對酒吧也好，都會得到一個令人滿意的結果。

5. **直爽一點好**

待客要有誠意，把這作爲酒吧成長的一種手段。怎樣才算有誠意呢？

(1) 不要考慮到過多酒吧的利益

對自己店裡酒水、氣氛、服務要抱有信心，但如果過於自信，會看不清自己，也看不見周圍。如果看不見的話，即使是錯了也會認爲是正確的，全體服務員必須有常常向周圍的人學習的習慣。

(2) 有分析的眼光

對於各種各樣的問題，一定要經過準確的分析，從客人、酒吧各自的立場來看待問題，才能找出有說服力的意見。這種能力必須在日常生活中去培養。

6. 如何對待一位已經喝得太多的顧客

這也許是酒吧服務生最爲困難的工作。喝醉酒的客人也許會製造事端，使得其他客人不舒服，破壞酒吧氣氛，甚至造成對其他客人的人身傷害和酒吧財產損害。要記住一個酒醉的人是不講道理，也不會按正常邏輯辦事的。此時，酒吧成了對他行爲的負責者，保護其他客人的人身及酒吧財產的安全是酒吧服務人員的職責。在處理醉酒客人時，決不能求助暴力或用言詞來侮辱、責罵客人。如果發生的麻煩較大，應及時通知管理人員，由他們來解決，如果酒吧服務人員必須單獨處理問題時，則態度應該堅決，要求他離開酒吧。如果他有同伴，則最好請求他的同伴幫助他回家，酒吧也應提供必要的幫助。如果酒吧服務人員實在解決不了問題，則應通知保全人員。一個好的酒吧服務人員應該能夠控制客人的行爲，能夠拒絕醉酒客人的無理要求。

案例

某酒吧上海開設第一家高級私密式俱樂部，它延續了台北某高檔酒吧獨門獨院的設計。白天金色的陽光和藍色的主光，襯托出一個現代感十足的另類空間。晚間，在月光的照映下，烘托出宮廷般的神秘色彩，門外湖光春色，碧波蕩漾，在細碎月影和玲瓏樹影的襯托下，呈現出一種非同一般的幽雅，恬靜，還有一絲神秘。

品位獨到的酒吧主人將開放式俱樂部與精緻的私人式包間完美結合，某高檔酒吧的室外庭院精巧別致，復古的建築外牆、精美的圖案雕琢，以及伸手可觸的時代氣息，給人獨巨匠心之感。室內設計則極富現代感，舒適質感的沙發以及與其相配的燈飾絕對是一道讓您百吃不厭的視覺大餐。但最能體現某高檔酒吧特色的則是幾個獨立開間的VIP包廂。

無論是浪漫約會還是重要會晤，這裡都是您的最佳選擇。這裡還為喜愛香檳的朋友們專門設置了一個香檳吧台，準備了三十多種上乘的香檳。相信在上海這還是獨一無二的。此外，酒吧的又一大特色是每個成為會員的客人都能得到一把「回家鑰匙」——某高檔酒吧門卡。每次來某高檔酒吧，只需刷卡便可入內。相信這種回家的感覺一定能使您倍感舒適輕鬆。同時，細心周到的某高檔酒吧人還為您準備了世界知名的紅酒和多種純麥威士忌。更有新奇的雞尾酒供您選擇。在奔放的現代音樂，精心鋪設的燈光襯映下，品著口味純正的紅酒，讓人感歎眩目。同時會自然而然地融入到這一特殊的氣氛中去。

伴隨著美妙的節奏，跳動的音符飛入你的心田。在這裡喝酒聊天，連心情也會被此間的環境所感染，變得異常的輕靈幽靜，從而忘卻了煩惱，忘卻了憂愁，心中只剩下一份平靜。

優雅的燈光與音樂，讓您在工作之餘盡情地舒展自我，走下舞池可宣洩一天工作的壓力，淺斟低酌可放鬆緊張焦慮的心情；邀上一二知己，更可在溫馨愜意的環境中，無拘無束地談天說地，共抒胸臆。懂得品位生活的都市男女，在某高檔酒吧溫馨舒適又隱秘安全的私人空間裡，享受音樂，享受美酒，享受某高檔酒吧最高品質的服務。

第二章 茶館

市場分析

一、喝茶告訴我們什麼

今天，喝茶成了都市人的一項休閒風景。「喝茶去」成爲越來越多年輕人的一句口頭禪。如今，茶樓（坊）生意熱絡，茶葉銷售也東山再起。在「飲料大戰」，「煙酒烽火」的夾縫中，一直「養在深閨」的茶葉佔據了「制高點」。

據悉，二〇〇一年元旦、春節期間，成都市茶葉公司投放了以高中檔爲主的茶葉二十萬公斤，比前年同期增加了三十九%；在廣州，裝潢美觀、設計新穎、時代感強的罐裝禮品茶比去年同期增長了三十%以上。根據對當前六百多種主要商品的供求情況分析觀察，供不應求的主要有九類，其中茶葉類爲品質好的傳統名優茶、高檔紅茶、高檔花茶和小包裝茶等。全國茶葉經濟資訊會透露，花茶銷售再度回升，名茶銷售有很大發展，供不應求，中、低檔茶葉銷售量逐漸下降，高、中檔茶葉銷量逐漸上升。

以成都爲例，散佈於街頭巷尾的茶館已超過三千家。一項抽樣調查表示，成都居民二·九%的人每天上茶館，十·三%的人每週去一次，十三·五的人每週兩次，每月兩次以上的則有八．五％。再加上流動人口，成都每天有二十萬人次泡在茶館裡；在上海，茶館、茶坊更呈雨後春筍之勢，星羅棋佈在上海灘上的各式茶館、茶坊已達近四千家。茶客也與日俱增，而且尤以年輕人爲多。

二、茶館的流行

伴隨著歌舞廳、卡拉ＯＫ廳的鋪天蓋地，各式裝修別緻、風格迥異的茶苑、茶坊悄然出現了，它們在都市單調的鋼筋水泥森林裡塗抹著亮麗而清新的色彩，以其獨特的文化魅力，與高檔餐飲娛樂場的「熊市」（Bear Market）相映，把號稱「國飲」的茶文化搞得霸氣十足，風采盎然。

每當夜幕降臨、華燈初上時，街道上、巷弄中，一對對、一群群青年男女，便會不約而同或有約而同，邁著輕盈歡快的步履，到各自喜愛的茶館、茶坊店去「孵」、「泡」、「侃」、「聊」……老闆、經理選擇了這兒與客戶見面洽談，沏幾杯香茗，點幾盤水果，既簡單又大方，顯示了主人賓客雙方皆是有一定文化品味的階層；熱戀中的情侶依坐在這兒，執杯慢慢吸飲，交頭私語，各自的情感在這種高雅的氛圍中漸漸得到昇華；情趣相投的朋友們圍坐在桌幾旁談天說地，偏坐一隅的獨飲者托腮無言，讓思緒自由自在地飛揚……

這些風格、情調各有千秋的茶館、茶坊，不再僅僅是供人歇腳、聊天的場所，而是成了一種文化、藝術氛圍十分濃郁的休閒天地。在朦朧或明亮的燈光下，絲竹聲聲，琴箏悠悠、笛蕭陣陣；唐詩宋詞、京腔昆曲、評彈滬劇，淺吟低唱，令人思古；婀娜多姿的服務生，身著二三十年代的服飾，款款而行，托著古色古香的紫砂壺，一邊嫻熟地表演著各種茶藝、茶道，一邊笑容可掬地爲茶客們斟著香茶；茶客們則細酌慢飲，凝神品味，無不感受著一種只可意會不可言傳的愉悅美感，一天的疲勞似乎悄然消釋。茶市場勝過飲料市場，飲茶習俗作爲傳承已久的文化現象，在中國歷代人民生活中一直佔據著特殊的位置。

信步街頭，不時可瞥見裝修典雅的各式茶坊（苑），然而與當年老舍《茶館》中的情形則今非昔比。現代茶坊裝修考究，在經營上講究「茶道」和「茶藝」，並極力營造文化氛圍。絡繹不絕的茶客則意欲在喧囂的都市尋到一塊「靜土」，沏上一杯香茗，細細品嘗，娓娓漫聊，盡享下班時的閒暇。如果說前兩年人們對中國曾經銷聲匿跡而今又粉墨登場的茶藝行業抱著一份新奇的話，眼下面對街頭林立的茶坊（苑）已不覺爲怪。

國飲再現輝煌，人們並非是「跟著感覺走」，而是潛意識地遵循消費的「最大邊際效應」和對餐飲娛樂高收費抵觸等綜合效應。而且，茶葉與菸酒相比對人體「百利而無一弊」。茶葉能提神、益思、消除疲勞，亦能消食去膩、解熱防暑，含有幾十種人體所需的微量元素，具有防癌作用。所以，人們越來越青睞於價廉物美的國飲。

開業籌備

一、茶葉的學問

打算要投入此行業的從業者，或對此行業有興趣的人，首先應學習有關茶的專門知識，並學習茶道，然後才能正式開業，此外，還要繼續不斷充實自己品茗的工夫。

茶葉的生產期與採摘期是在每年的四至十月；茶葉的分類有新茶、第二次茶、第三次茶及第四次茶。還要弄懂：不同時期採收的茶葉有何不同？其品質與價格又以何種標準來界定呢？各茶館均要有其獨特的調配方式，才能夠創造出該店的特色。以上所提幾點，都是必備的專門知識，沒有經驗的人，最好不要貿然開店。

二、茶館的選址

茶館地點的選擇沒有嚴格固定的模式，可以完全按照自己的偏好來開店，比如「鬧中取靜」，在一片繁華地帶開闢自己的一片淨土，鬧中求靜，送給大家一縷清香。但是可以肯定的是，茶莊不應距離城市太遠、太偏僻。

開店之前，還應接受製造商或批發商的指導，從而利於打開局面。

特色茶具的選擇

一、茶具的種類

中國今天的茶事已被視爲是一門藝術，講究的是名茶配妙器，相得益彰，珠聯璧合。茶具不僅要有實用價值，還要有觀賞價值，而且由於一大批中國茶人的推崇，使得茶具的文化品味十足，從而成爲人們寄託情懷、滌蕩心靈的慰藉。

現代茶具的選配，根據其功能不同，可分主茶具、輔助茶具、備水器、備茶器、盛運器、泡茶席等。茶室用品多樣，主要有茶壺、條船、茶盅、茶杯、聞香杯、杯托、蓋置、茶巾、茶盤、茶匙、茶荷、茶針、茶著、渣匙、箸匙筒、茶拂、茶叉、貯水缸、煮水器、水方、水注、水盂、茶樣罐、貯茶罐、茶甕、提櫃、都籃、包壺巾、茶車、茶桌、茶席、茶凳、茶掛、花器等。

由於中國人飲茶講究的是詩化生活、淨化心靈，飲一杯茶也就是在完成一套規範的用器禮儀，同時享受製湯、造化之意蘊，所以備那麼多的茶具也就不足爲奇了。

一套茶具只有具備了容量和品質的恰當比例，提把的方便，蓋子的緊密縫合，壺嘴的出水流暢，色彩和圖案的脫俗和諧，整套茶具的美觀和實用才可謂得到了絕妙的結合，才能算是一套完美的茶具。

選擇茶具是一門學問，也是一門綜合性的藝術，不但要注意種類、質地、產地、年代、大小、輕重、厚薄，更要注重茶具的形式、花色、顏色、光澤、聲音、書法、文字、圖畫、釉質。成套的茶具應該是具備貯茶、煮茶、沏茶、品茶之功能，並使盞、蓋、托、銅、瓷、錫皆成系列，色、香、味、形俱臻。

二、選擇茶具參考地方特色

選擇茶具還要因地制宜，因人而異。中國遼闊的地域使得各地的飲茶習俗各不相同，對茶具的要求也不一樣。

長江以北及內地的許多城市居民，喜用蓋瓷杯沖泡以保茶香，而我國沿海的城市居民則好用玻璃杯沖泡，這樣既聞香玩味，又可觀色賞形。其中南京、杭州一帶居民尤其注重茶的香氣滋味，所以用紫砂茶具的也較多。南方的潮州、汕頭人習慣用小杯細啜烏龍茶，聞香玩味，以賞茶的韻致。中原地區的四川人鍾情蓋茶碗，左手托茶托，右手拿碗蓋，撥去浮在湯麵的茶葉，加蓋保香，去蓋觀色，一席儒雅氣派。

綜上所述，茶具選擇要考慮實用、有欣賞價值和有利於茶性的發揮。不同質地的茶具性能也不一樣，瓷茶具能保溫，傳熱適中，可以較好地保持茶葉的色、

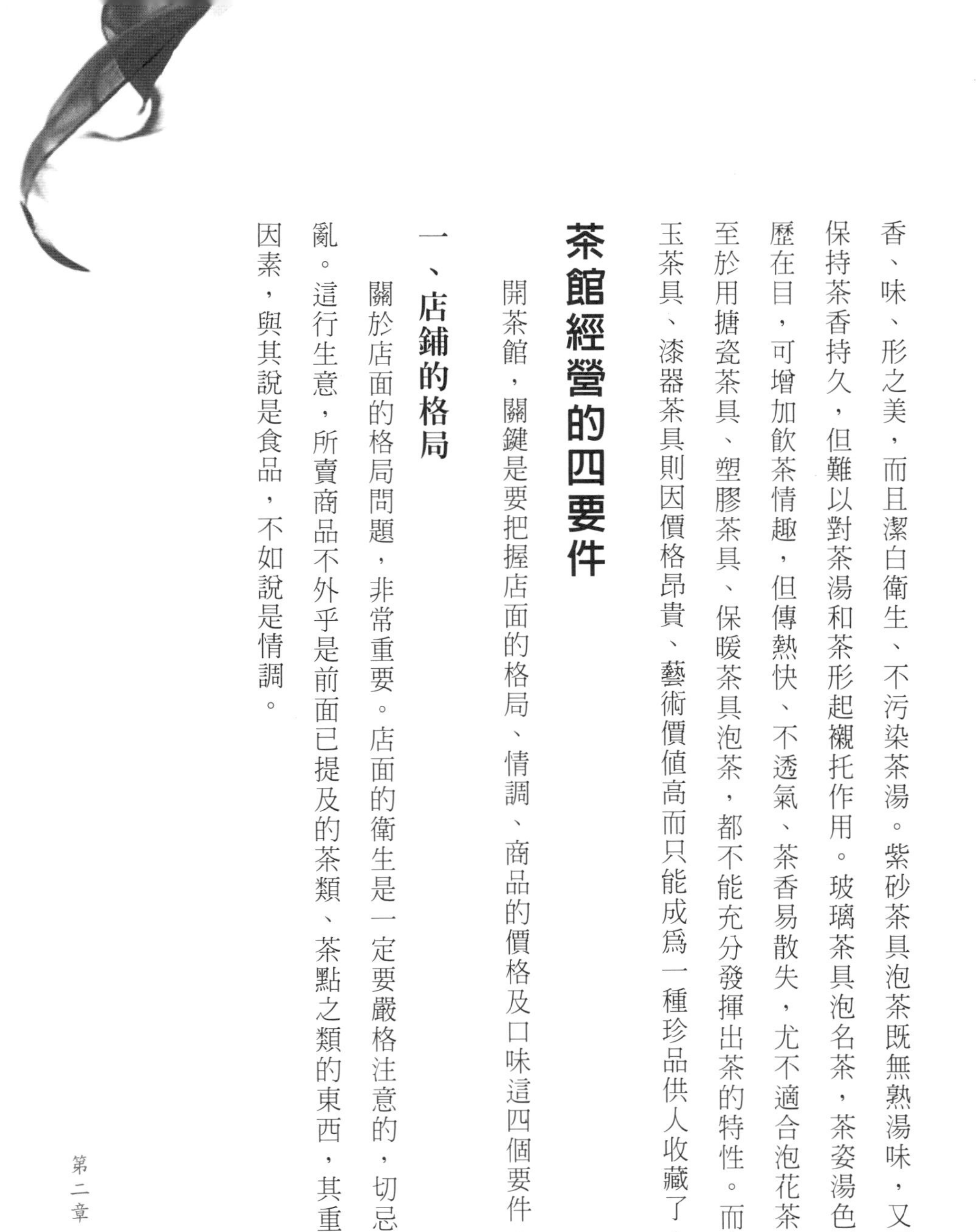

香、味、形之美，而且潔白衛生、不污染茶湯。紫砂茶具泡茶既無熟湯味，又可保持茶香持久，但難以對茶湯和茶形起襯托作用。玻璃茶具泡名茶，茶姿湯色歷歷在目，可增加飲茶情趣，但傳熱快、不透氣、茶香易散失，尤不適合泡花茶。至於用搪瓷茶具、塑膠茶具、保暖茶具泡茶，都不能充分發揮出茶的特性。而金玉茶具、漆器茶具則因價格昂貴、藝術價值高而只能成爲一種珍品供人收藏了。

茶館經營的四要件

開茶館，關鍵是要把握店面的格局、情調、商品的價格及口味這四個要件。

一、店鋪的格局

關於店面的格局問題，非常重要。店面的衛生是一定要嚴格注意的，切忌髒亂。這行生意，所賣商品不外乎是前面已提及的茶類、茶點之類的東西，其重要因素，與其說是食品，不如說是情調。

二、店鋪的面積

至於店面的面積，不要太大，但也不能太小，一般有二十人的座位就夠了。店面太大，顧客的更換率就會低。有時出現適度的擁擠，這樣反而會使生意興隆，這也可以說是做這行生意的秘訣。

三、茶的定價

關於價格問題，不一定要比別家便宜，但要想辦法創出一個特色，如可以選擇一種具有代表性的東西，採取不太過於計較利潤的定價方法，這是吸引顧客的常識性做法，這點非常重要。相反地，若店鋪具有很好的情調，而且，所賣的東西貨眞價實，價錢比其他店稍高仍然可以吸引顧客。

四、店面的情調與口味

情調是與店面的格局緊密相關的，所以要談情調，首先要講究店面的格局，因爲它是吸引顧客的重要條件。泡沫紅茶店可以像有些傳統茶店一樣，整個店面都一律採用傳統的中式裝潢，如在適當的地方設置古色古香的屛風、懸掛宮燈

等，給人以嫻靜雅致之感，這是非常重要的。當然，走西式風格的路子，也是另一種選擇，把店面佈置得較具現代感，比如設吧台。

室內的顏色，要避免使用原色，以柔和爲主。不過，店鋪要保持相當的亮度，因爲食物若拿出來給顧客的感覺因店鋪的亮度而受到影響的話，那是很不划算的。

關於口味問題，這是很難具體說清楚的。不過其基本原則是要使客人覺得此店是爲自己而存在的，而且要對經常光顧的客人進行口頭式的意見調查，以便做出適合他們口味的東西來。

此外，餐飲用具除了注意情調搭配之外，還要注意設備齊全，如吸管、筷子、紙巾之類的東西都要準備充足。要特別說明的是，目前這類店面很少使用筷子，若能把筷子套進紙袋，就會給顧客一種潔淨之感。

案例之一，中外茶藝館

作為「名茶之鄉」的杭州，自古以來便茶肆林立，茶館是人們聚會的地方。遊客品茗賞景，市民喝茶消遣，生意人了解市面行情、談買賣。有糾紛的雙方也到茶館談判排解，這叫「吃講茶」。之後，茶室漸漸淡出人們的生活。曾幾何時，西子湖畔的茶館遍地開花。三五朋友，幾杯清茶，賞樂品茗。茶館成了杭州的一道風景。「湖畔居茶樓」、「門耳茶坊」、「集芳園茶樓」、「青藤茶館」、「春來茶館」、「大佛茶莊」等各有特色。杭州城的這些茶藝館，大多講究裝飾，注重文化氛圍。清香翠綠的茶，別致精妙的茶具，嫻熟優美的茶道表演，給人以美的享受。

茶館都在特色上花大力氣，從而漸漸形成了各自獨特的個性。有的茶藝館小巧玲瓏、狀若家庭客廳，融親切和諧與溫馨浪漫於一體，如「青藤茶館」、「風荷茶館」。「墅園茶藝館」等則是公園式的，茶館的四周綠樹林合，回廊盤曲，人們不知不覺中便為其靜謐、幽深所深深陶醉。「門耳茶坊」則以濃濃的人情味、精良的茶藝、道地的茶葉以及「書茶合一」

的特色，開杭州城茶樓文化之先河。

隨意、地道、禮待是「門耳茶坊」不變的服務內涵，有坊主倪聞親擬的對聯為證：「茶藝非茶藝妙在有藝無藝之間，客閒非客閒恰在有閒無閒之時」，橫批是「盡可隨意」。「紫藝閣」裡陳列了許多紫砂作品，也讓一些人將這兒當成了以茶會友的絕妙去處。

「青藤茶館」以其濃郁的江南民居風格，在茶藝界打出了自己的一片廣闊天空。茶館內設四層樓閣，地板以原木鋪就，上置籐椅木桌，四壁恰到好處地掛著些名人字畫，木櫥裡陳列著名家名壺和歷代茶碗，常綠花卉點綴其間，悅耳的絲竹聲嫋嫋縈繞。既彌漫著東方民族文化氛圍，又洋溢著時代氣息。如今的「青藤茶館」已在杭州城開了三家連鎖店。「湖畔居茶樓」環境雅致，特色鮮明，是一家將傳統民族文化和現代旅遊結合在一起的特色茶館。來喝茶的人還可以花上五塊錢，聽聽評彈。除了杭州人，一些外國人也慕名而來，品味一下茶館裡的評彈藝術。人們還可以在這裡欣賞到功夫茶、臺灣茶藝表演，感受茶文化的精髓。

當然，也有一些茶館追求現代、新潮的風格，比如靠近黃龍洞的「緣緣堂」。廳內的桌椅是玻璃、鐵藝和藤藝結合製成的，高大的綠色植物比比皆是，最妙的是借了其南側葛嶺山映入的景色。晚上綠色的燈光打在葛嶺山的樹木上，從大玻璃窗望出去，如同置身林中，清新的感覺彌漫全身。「流聲」音樂休閒吧更為年輕人著想，在每個座位邊安插了耳機供顧客使用，三百張光碟做成音樂曲目，茶與音樂可共用之。一般早上七點就上船，喝茶的同時吃一些點心，晚上八點打烊，船平穩地泊在水上，期待著第二天熱鬧早茶的開始。

說到茶館，都會不由得想到「老舍茶館」。在北京前門，望著老舍先生的塑像，那一碗大碗茶喝起來又是另一種滋味。在那裡，仿佛又聽到了秦六爺、王老闆的沉沉歎息，看到了劉麻子、龐太監的醜態。

「為名忙為利忙忙裡偷閒且喝一碗茶去，勞心苦勞力苦苦中作樂再倒三杯酒來。」這副對聯現在還能在一些茶館的門楹上見到。在二十世紀二〇年代，嘉興新篁人常常在寫有這副楹聯的茶館裡喝茶。他們愛飲茶，從早

晨起來就喝一碗，飯後又是一碗，朋友相聚仍是一碗。於是茶館就越來越多。當時無論鬧市巷尾，還是鄉村野店，三步一茶攤，五步一茶館。據載，該鎮最多時不到一公里的街上竟有八十多家茶館。如今的新篁人還是有著忙裡偷閒喝杯茶的習慣，品茗清談，天南海北，感覺「心靜自覺市聲喧、閒多翻看浮雲忙」。

成都的茶館也很多，一般分為高檔茶樓、景點茶館和小茶室。茶館裡多用一色蓋碗，一位肩上搭了白毛巾，提著了大號長嘴黃銅茶壺的茶博士，瞄了茶盞就注水，水花還會飛濺出來。這注水也有多種說法，有「鳳凰三點頭」之類的傳統注法，也有「武松打虎」之類的新演繹。

茶在我們台灣也大行其道。除了裝點古樸的茶藝館外，街邊的茶飲料店也已隨處可見。走累了，歇一歇，喝一杯泡沫紅茶，成了年輕人的時尚。加上我們的各式茶品已添加了大量的鮮奶、果汁、冰塊、蜂蜜等，讓茶成了一種街頭流行文化。

新加坡的茶葉和淡水供應雖然都靠進口，但茶館依然不少。這裡的茶館不僅賣茶、賣水，還經常舉辦有關茶史、養生、沖泡技巧等方面的講座，甚至開辦一些書畫藝術類的沙龍。一位朋友曾在新加坡喝茶，喝完之後，主人送他一張單子，上寫：「孝道十兩，悌睦雙粒，忠誠一片，禮讓三分，義方全加，廉潔不拘多少，恥辱洗淨同煎，仁慈取心，智慧圓用，以上曬乾加十盅水煎，存六盅、以留香茶送服，早晚各一次。」其功效是：「永無憂患、百病消除、身舒暢爽、福壽康舒，家庭和睦，社會寬容，世道安謐，國家昌盛。」

日本的茶室一般不大，配有內房、外庭。庭院設計講究野趣，以呈現鬧市山居之情，佈置也不乏自然花木點綴。茶室重要的裝飾是掛軸，人們進了茶室就會欣賞一會兒，然後面對茶几而坐，這時，主人就會取出炭將其點燃，請客人們領略火相之美，品嘗茶葉之香！

案例之二，茶宴館

中國的餐飲文化源遠流長，內涵非常豐富。在上海，如果要數出一共有

多少家從事餐飲的企業，恐怕不是一件容易的事情，因為餐飲業的新陳代謝特別快，今天還在營業，明天很可能就消失了。

受家庭的影響，張小姐從小喜歡喝茶，又醉心於中國傳統文化之美。在雲南插隊落戶十年後回到上海，她被分配到一家小酒家工作，當時她就想，如果把茶糅合到菜餚裡面去，發揚中國悠久的茶文化，就很可能會提高酒家的品位和層次。從此，她就有意識地做起了茶菜。當然，開頭雖然每道菜裡都放了茶葉，可是味道並不好。經過一遍遍的試驗，一次次的改進，到一九九一年，終於推出了像樣的茶菜。接著，張小姐就獨立創業，打出了天天旺茶宴館的牌子。

認定了做茶菜以後，接著就迎來很多經營上的問題，譬如茶宴館的理念、定位、形式等等。張小姐把自己的店定位在高文化品位上，她刻意要在餐館裡營造和普及中國傳統文化的氛圍。走進張小姐的茶宴館，感覺最醒目的，就是隨處可見的字畫、瓷器、古董、化石和奇石標本等等，有時候，真會讓人產生一種錯覺，懷疑這裡不是一個用餐的地方。在這裡，客人確實會覺得離藝術、文化很近很近。

所以，張小姐創辦的茶宴館能夠經歷十年的風風雨雨，艱難曲折到今天，決不是一件容易的事情。

之所以叫「茶宴館」，是因為這裡所有的菜餚都與茶有關，每道菜裡都有茶葉的成分。客人在這裡用餐，不敬酒，只敬茶。這裡菜餚的名稱都透著純粹的中國文化的氣息，比如「曲院風荷」、「茶農春運」、「太極碧螺春」。張小姐創辦茶宴館的本意就是要整體化地弘揚中國的傳統文化，因為她認為，現在的餐飲行業中，在飲食上做文章的多，在文化上下工夫的少，而這恰恰是她創業的契機，她緊緊地抓住了這一點。

為了保持茶宴館的文化品味，在市場競爭如此激烈的今天，張小姐居然還選擇客人。她堅決謝絕要在店裡打牌、下棋、酗酒、嬉鬧的客人進門，她寧可不賺這些錢。正因為這樣，高雅的文化品位、領先的服務理念和經營特色也吸引了相應的客人，並且久而久之，形成了她固定的顧客圈子。到張小姐茶宴館來的客人，絕大多數是老顧客。張小姐的茶宴館在十年時

間裡搬遷了三次，許多客人追著她在三個地點間跑了十年。但是，曲高必然和寡，張小秋的茶宴館很少有其他熱門的餐飲店裡的那種熱鬧和應接不暇。甚至不少時候，她的一層大廳整天空無一人，這就是張小姐的艱難之處。為此，她事必躬親，而且在保證品質的同時，精打細算地經營著茶宴館。

外國客人是熱情追隨張小姐茶宴館的客人之一。外國客人有個癖好，就是喜歡坐大廳而拒絕小包廂，這正好與中國人喜歡進包廂相反。外國客人畢竟不是天天來，所以有人勸張小姐把一樓的大廳改成包廂，以便多做中國人的生意。可是張小姐至今沒有這麼做，因為她的意願是除了賺錢，還想讓茶香飄天下。

案例之三，綠心森林茶藝

綠心森林茶藝位於成都市繁華的玉林社區，茶樓總面積一千餘平方公尺，由國家一級建築設計師精心設計，以獨具個性的格調突破成都市茶樓建築的因循守舊。整個茶樓以白色基調為主，白色的牆，白色的玻璃窗，就連裝飾的小樹也如冬天裡被雪覆蓋刷了一層白色，而地板則鋪上了綠色地毯，讓人一進門就感覺陣陣涼意撲面而來。

茶樓大廳在二樓，共有三百餘平方公尺，十分寬闊。廳內擺放了十幾種綠色植物，幾乎所擺放的桌椅都被綠色植物所包圍，這就突出了「綠心森林」的主題。茶藝館共有大、中、小包廂十一個，可為客人提供安靜舒適的環境進行棋牌娛樂。綠心森林茶藝館還為客人提供頗具匠心的特色燒烤。

茶道本就是一種文化，煮茶也是一種藝術，在綠心森林茶藝館除能體會到茶文化、茶藝術外，還可以欣賞到現代年輕藝術家的藝術作品。每月進行一次藝術沙龍活動，每兩個月進行一次藝術作品展示。茶藝館特別為藝術家設計了一個展覽室，讓綠心森林茶藝館成為各種文化藝術的聚集地、交流地，更讓它成為年輕一代藝術家的「出發點」。

第三章
咖啡館

市場調查的四個原則

咖啡館對於現代人來說已經不再陌生，已成為某些人生活中的一個重要的組成部分。如果要歸納分類，咖啡館屬於「食」的範疇。不過，咖啡館的主要目標是在於提供氣氛消費的場所。消費者意識與消費結構的變遷，都可以反映在咖啡館的經營上，因此，咖啡館的經營，對消費者生活形態的了解以及確定顧客物件是開店的前提。下面，讓我們仔細探討一下經營要點，看看咖啡館經營成功的基本要素有哪些。

位置特性與客層的掌握，是現代開咖啡館最基本的要求。尤其是小型咖啡館，由於無法吸引所有的客層前來消費，所以在位置方面進行商圈特性的調查與分析，進而針對設定的客層去著手商品收集，更成了今日咖啡館營運必要的步驟。

一般而言，咖啡館的經營主要是從事咖啡的銷售，因此若能提供給顧客適當的咖啡，則可以說是給予顧客最好的服務了。尤其是社區性或地方性的小咖啡館，在顧客首先來店消費時，若能獲得相當的滿足，則下次將會再度光臨。若是一連幾次均能得到滿足感，自然就能成爲固定顧客了。一家咖啡館除了給顧客精神上的服務之外，最直接的還在於咖啡館的內容是否能眞正符合顧客的需求，所以在咖啡及飲料構成上是絕對不容忽視的，尤其是下列的四個原則一定要把握：

一、對競爭者的調查

競爭者是一種敵對的力量，但是，競爭者又是和你在一個戰壕中的戰友。所謂知己知彼，百戰百勝，有關競爭者的經營動態及商品構成情形，應隨時加以注意並且洞悉其動向。同時深入的比較與分析，藉以掌握營運上的有利地位，經常保持著比競爭店具有更獨到的銷售策略。

二、對客層的掌握

就一家中小型咖啡館而言，所涵蓋的商圈不能太廣，顧客的分佈也不能距離太遠。因此應針對位置特性，深入分析客層的特徵，透過調查所取得的資料，針對收入水準、職業屬性、年齡層、消費意識等因素來設定要素分析，進而根據其生活形態的特徵，去提供他們所需求的咖啡和飲料。

三、商品項目的確立

咖啡項目的多少，對於顧客在選購時有很大的影響。因此在確定商品項目的時候，一定要充分考慮咖啡館的營業面積與咖啡的暢銷程度，以便進行有效的組合，才不至於影響周轉率與新鮮度，而且能隨時提供顧客眞正需求的咖啡項目。

四、價格區間的有效設定

價格因素對於消費者，具有相當大的影響。所以在進行價格區間的設定時，一定要考慮固定客層最容易接受的價格，同時搭配易於選擇、便於購買、訴求力強、利於休閒的咖啡和飲料，在此價格區間內去展開商品的採購。

總之，現代的咖啡館經營絕不能忽視市場情報與消費動向，一定要隨時把握最新的資料與訊息。針對咖啡館位置的特性與設定的客層，不斷地提供顧客需求的咖啡，才能增加顧客的來店率，提高咖啡館的業績。

選擇最好的位置

一、什麼是最好的位置

如何選擇適當地點是咖啡館經營的關鍵，如果一家商店能選擇良好且適當的地點，則經營的成功率約在七十％以上。若在顧客稀少的地方開店，即使裝潢得多麼氣派，陳列得多麼有吸引力的咖啡，銷售額也很難達到理想的狀況。咖啡館銷售的原則，就是要在能夠充分吸引顧客的地點裝潢店面。尤其是小規模的咖啡館，因爲它不像大型咖啡館具有其他綜合性的機能，所以更應當注意地點的選擇，這將是咖啡館成功的出發點。

然而，對一般中小型的咖啡館來說，無論是設施機能或咖啡種類，均無法與大型的咖啡館相抗衡。因此在顧客的爭取與商圈的把握上，必須充分掌握地點的特性，由於咖啡館又是地點性產業，所以位置條件的選擇與運用，就成爲經營的首要任務。曾經有人說咖啡館若能確定一適當的地點，則經營成功的機率約在七十％以上，可見有效的位置對咖啡館的營運實在關係重大。

二、選址應考慮的要素

在選擇適合的開店地點時，必須考慮到是不是消費者易於集中而且具有某些機能的場所，諸如經濟、政治、文化、商業等機能的城市中心或是交通的要衝等地區。至於在地點選定之後，更要經常注意周遭環境的變化，以便隨時了解此地區的特性，尤其一般的咖啡屋，營業區域都有其自然的限制。通常大多以咖啡館為圓心，畫出一公里或一·五公里的半徑範圍，作為咖啡館的商圈。不過在進行店圈的設定時，有關的特性，諸如一般飲料方面則商圈較小，研磨咖啡方面則商圈較大，交通狀況、地區內的設施情況等，都可能影響到商圈的分佈。

擬定經營計畫的三要素

一、營業額最為重要

對咖啡館的經營者來說，每天的營業額是經營者在整個營運過程中是最關切的問題。為求管理上的效果起見，每家咖啡館往往都定有營業的目標，更詳細者甚至還定了區位、商品乃至細緻的目標，以作為衡量每天營業情況的比較基準。

如果我們進一步加以探討，那就是銷售計畫了，因爲營業目標的設定是整體銷售計畫的一部分，所以一家咖啡館若欲建立營業目標的體系，則對於銷售計畫的擬定必須加以了解。

二、經營的方針

當然，在進行銷售計畫的擬定時，一定要依據設定的經營方針，而後再依營業額的預測、目標庫存量的推算、損耗額的預估、採購預定額的估算以及預定毛利的推算等順序依次推算，以完成整體的銷售計畫。由於整個計畫過程必須以資料作爲依據，所以資料庫資料的建立，是進行銷售計畫擬定時必備的條件。同時這些資料資料又與商品計畫具有密切的關係，所以我們必須認識：即使是小型的咖啡屋也應以資料作爲基礎，如此才有客觀的衡量標準，而不是單憑印象、感覺、觀察等因素。

三、定點營業的性質

咖啡館經營最主要的方式就是定點營業，因此往往形成「坐銷」；並且其營業額是透過每位來店顧客的飲用而逐漸累積的，就好比一棵樹固定在一處地盤生根發芽，因此有人稱其爲「植物性」的企業。然而在行銷導向的今日，消費者需求與欲望又使得經營不斷地改變，消費意識逐漸多樣化與個性化，再加上市場競爭日趨激烈，因此在咖啡館經營上絕不能守著店面靜待顧客來，而必須積極地去開發潛在的顧客。所以不斷地開發新的喝法、採購新的貨色、充實吧台的陳列、講究咖啡館的裝潢、強化顧客的服務等措施，都是經營上不可或缺的。

以形象來吸引顧客

一、咖啡館形象設計的五大原則

良好的店面設計，不僅美化了咖啡館，更重要的是給消費者留下了美好印象，達到招徠顧客、擴大銷售的目的。

進行店鋪設計的前提條件是掌握時代潮流。在店鋪外觀、店頭、店內，利用色、形、聲等技巧加以表現。個性越突出，越易引人注目。

1. 店面的設計必須符合咖啡館特點，從外觀和風格上要反映出咖啡館的經營特色。
2. 要符合主要顧客的「口味」。
3. 店面的裝潢要充分考慮與原建築風格及周圍店面是否協調，「個別」雖然搶眼，一旦使消費者覺得「粗俗」，就會失去信賴。
4. 裝飾要簡潔，寧可「不足」，不能「過分」，不宜採用過多的線條分割和色彩渲染，免去任何過多的裝飾，不要讓用戶感到「太累」。店面的色彩要統一和諧，不宜採用任何生硬的強烈的對比。
5. 招牌上字體大小要適宜，過分粗大會使招牌顯得太擠，容易破壞整體佈局，可透過襯底色來突出店名，店名要簡明易懂，上口易記，除特殊需要外不要使用狂草體或外文字母。

二、店面裝潢的要件

1. 室內裝潢的兩個原則

第一，裝潢要結合咖啡特點加以聯想。新穎獨特的裝潢不僅是對消費者進行視覺刺激，更重要的是使消費者沒進店門就知道裡面可能有什麼東西。

第二，裝潢要具有廣告效應。即要給消費者強烈的視覺刺激。可以把咖啡館門面裝飾成形狀獨特或奇異的形狀，爭取外觀上的別出心裁來吸引消費者。這就要求：

首先，咖啡館內最好在光線較暗或微弱處設置一面鏡子。這樣做的好處在於，鏡子可以反射燈光，使咖啡館看起來更明亮、更醒目、更具有光澤感。有的咖啡館用整面牆作鏡子，除了上述好處外，還給人一種空間變大了的感覺。

其次，收銀台設置在吧台兩側且應高於吧台。

最後，充分利用各種色彩。牆壁、天花板、燈、陳列咖啡和飲料組成了咖啡館的內部環境。不同的色彩對人的心理刺激不一樣。以紫色爲基調，佈置顯得華麗、高貴；以黃色爲基調，佈置顯得柔和；以藍色爲基調，佈置顯得不可捉摸；

以深色爲基調，佈置顯得大方、整潔；以白色爲基調，佈置顯得毫無生氣；以紅色爲基調，佈置顯得熱烈。色彩運用不是單一的，而是綜合的。

不同時期、不同季節、節假日，色彩運用不一樣，冬天與夏天也不一樣。不同的人，對色彩的反映也不一樣。兒童對紅、橘黃、藍綠反應強烈；年輕女性對流行色的反應敏銳。這方面，燈光的運用尤其重要。

2. 室外裝潢應注意的問題

從整體上看，製作精美的室外裝飾是美化咖啡館和裝潢店面、吸引顧客的一種手段。如咖啡館門前的招牌廣告，以新穎別致、變幻無窮的圖像吸引著顧客的注意力，即便不想喝咖啡的人，也經常在這種渲染的氣氛中不知不覺地走進了咖啡館。特別是咖啡館的櫥窗，它往往成爲咖啡館的一張臉，佈置得好像一朵花，使人產生春意盎然之感，即便是匆忙路過的人，也會停步觀賞一番，來者也會越來越多。所以，精心設計櫥窗是現代裝飾的重要內容。一般來說，現代櫥窗追求主題突出，格調高雅，具備立體感和藝術感染力。紐約的咖啡館喜歡在櫥窗裡使用藝術雕塑式人物造型來配合咖啡品牌的陳設，在整個櫥窗的藝術裝飾的烘托下，顯得層次分明，一目了然。

(1) 咖啡館招牌設計

店面上方可設置一個條形商店招牌，醒目地顯示店名。在繁華的商業區裡，消費者往往首先流覽的是大大小小、各式各樣的商店招牌，尋找實現自己消費目標或值得逛逛的商業服務場所。因此，具有高度概括力和強烈吸引力的咖啡館招牌，對顧客的視覺刺激和心理的影響是很重要的。

咖啡館招牌在導入功能中有著不可缺少的作用與價值，它應是最引人注目的地方，所以，要採用各種裝飾方法使其突出。手法很多，如用霓虹燈、投射燈、反光燈、燈箱等來加強效果，或用彩帶、旗幟、鮮花等來襯托。總之，格調高雅、清新，手法奇特、怪誕往往是成功的關鍵之一。

咖啡館招牌文字設計日益爲經營者重視，一些以標語口號、隸屬關係和數目字組合而成的藝術化、立體化和廣告化的招牌不斷湧現。咖啡館招牌文字設計應注意以下幾點：

第一，店名的字形、大小、凸凹、色彩、位置上的考慮應有助於大門的正常使用。

第二，文字內容必須與咖啡館品味相吻合。

第三，文字盡可能精簡，內容立意要深，又要順口，易記易認，使顧客一目了然。

第四，美術字和書寫字要注意大衆化，中文和外文美術字的變形不要太花俏、太亂、太做作，書寫字不要太潦草，否則，不易辨認，又會在製作上造成麻煩。

咖啡館招牌文字使用的材料因店而異，店面規模較大，而且要求考究的，可使用銅質、凸出空心字，閃閃發光，有富麗、豪華之感，效果是相當好的。瓷質字永不生銹，反光強度好，作爲招牌效果尤佳。塑膠字有華麗的光澤，製作也簡便，但時間一長，光澤退掉，塑膠老化，受冷受熱受曬又要變形，因此不能長久使用。木質字製作方便，但長久的日曬雨淋易裂開，需要經常維修上漆。

(2) 咖啡館店門設計

將店門安放在店中央，還是左邊或右邊，這要根據具體客人流量情況而定：一般大型咖啡館大門可以安置在中央，小型咖啡館的進出位置在中央是不妥當的，因為店內狹小，這樣會直接影響了店內實際使用面積和顧客的自由流通。小咖啡館的進出門，不是設在左側就是右側，這樣比較合理。

從商業觀點來看，店門應當是開放性的，所以設計時應當考慮到不要讓顧客產生「幽閉」、「陰暗」等不良心理，從而拒客於門外。因此，明快、通暢，具有呼應效果的門扉才是最佳設計。

消費者喝咖啡之際，不僅對於咖啡在物理性及實質上的吸引力有所反應，甚至對於整個環境，諸如服務、廣告、印象、包裝、樂趣及其他各種附帶因素等也會有所反應，而其中最重要的因素之一就是休閒環境。如果再縮小範圍，就是指咖啡館內的氣氛，對消費者也能產生影響。

(3) 霓虹燈裝飾

一般商店的霓虹燈，是用光效果最佳的代表。咖啡館的燈光當然不僅限於霓虹燈，燈光的用途首先是引導顧客進入，在適宜的光線下品嘗咖啡。因此，燈光的總亮度要低於周圍，以顯示咖啡館的特性，使咖啡館形成優雅的休閒環境，這樣，才能使顧客循燈光進入溫馨的咖啡館。如果光線過於暗淡，會使咖啡館顯出一種沉悶的感覺，不利於顧客品嘗咖啡。

其次，光線用來吸引顧客對咖啡的注意力。因此，燈光暗的吧台，咖啡可能具有神秘的吸引力。咖啡製品，本來就是以褐色爲主，深色的、顏色較暗的咖啡，都會吸收較多的光，所以若使用較柔和的日光燈照射，整個咖啡館的氣氛就會舒適起來。

(4) 店面效果的強化

咖啡館最具體的綜合表現就是整個營業空間，至於如何使整個營業空間能夠具有活力而顯其特性，則有賴全店前後作業的充分配合。對於一家咖啡館的店內營業活動，可以透過兩個方向加以探討。首先是促使客人能夠在店內集中，進而使其更常飲用咖啡，以達成行銷的效果，並運用各項展示活動或是櫥窗、ＰＯＰ等訴求表現來吸引客人來店。接著便是針對這些來店的客人，運用待客的技巧。吧台的配置能具有誘導的效果，同時在陳列表現上，能顯示出咖啡的特性與魅力，並透過項目、規格、色彩、設計、價格等組合效果，以便於顧客的休閒，進而輔以ＰＯＰ的介紹，特別說明、服務訴求等的配合，藉以促進來店顧客的飲用決定。

三、咖啡館氣氛的塑造的四種因素

咖啡館不同於一般飯店的經營之處就在於它有獨特的氣氛。因此，氣氛正是咖啡館成功的核心。咖啡館經營者對於營業空間的表現，應巧妙地運用空間美學，設計出理想的喝咖啡環境，並在提高顧客的飲用率上產生情感的效果，這是咖啡館氣氛塑造的意義。顧客在喝咖啡時往往會選擇適合自己所需氣氛的咖啡館，因此在咖啡館設計時，必須考慮下列幾項重點：

第一，顧客對咖啡館的氣氛有何期望。

第二，了解哪些氣氛能增強顧客對咖啡館的信賴度及引起情緒上的反應。

第三，應先確定以誰爲顧客目標。

第四，對於所構想的氣氛，應與競爭店的氣氛做比較，以分析彼此的優缺點。在氣氛表現的時候，也必須愼重地選擇咖啡館所經營的咖啡。

成功經營咖啡館的四項要訣

目前已開業的中小型咖啡館所面臨的經濟環境，更應深入地加以探討。首先關注咖啡館周圍的同行動向，分析其優劣勢；同時考慮自己店的顧客階層是否有所變化，進一步在管理體制方面做適當調整。塑造各自的經營風格，成爲一家具有個性的店，是目前中小型咖啡館經營上所必須建立的特色。

咖啡館的經營無論大小，已不能單憑直覺或經驗，而須擁有整體的營運計畫（包括營業計畫、商品計畫、採購計畫、銷售促進計畫、人力計畫、經費計畫、財務計畫等），透過執行上的努力，而在營運上具體建立咖啡館定位的明確化、咖啡及飲料構成的差異化、顧客管理的系統化、服務組合的靈活化，才能在競爭激烈的市場中立於不敗之地。

一、選擇咖啡豆的要訣

咖啡生豆須經分選、烘焙、研磨等製作過程。所謂的烘焙是將咖啡炒到產生香味，而且容易研磨爲止。

在咖啡口味上，口感非常重要。就咖啡沖調來說，許多經營者能簡單就簡單地應付，其實很多天然食品那種獨特的口味，是要透過精緻操作才能達到，特別是在如今的生活中，咖啡已佔有相當重要的地位，如果我們要品嘗一杯製作精緻，味道香濃、清澈甘醇，別具風味的優質咖啡，這就要靠從業人員對咖啡烘焙和調製技術的水準與能力。

在咖啡館裡，咖啡的吸引力一定要很強，不管是哪一種咖啡，假如在價格的制定上偏高，或是有咖啡品質欠佳、組成不夠齊全，或咖啡的存貨量不夠多等現象，將會立刻影響銷售，自然更不容易增加固定顧客了。在咖啡館的經營上，不但要面臨地域內各咖啡館的競爭，更要面對各商店的競爭，所以「咖啡的魅力」便成爲商店成功的基礎。

二、商圈管理要訣

當然，一位咖啡館經營者不可能除了本店的狀況之外一概不知，他必須確實了解來到本店的顧客大約是居住在怎樣的範圍之內，並且深入調查此區域的人口戶數、收入狀況、職業概況及消費特性等。以便掌握此地區的消費習性，藉以針對其需求展開一系列的銷售活動，這就是所謂的「商圈管理」。

通常在咖啡館經營上，爲求有效掌握來店客層的特性及分佈區域，可以經常運用來店顧客意見的反應調查或透過特價活動的吸引，利用直接信函或宣傳單的發放，給予某種特殊的優惠或贈品，請其留下基本資料（姓名、年齡、性別、職業、地址等）。經由此方式即大約可以測出來店顧客的分佈情形。如果再能夠長期性地建立此項資料，並深入地加以分析，將顯然較遠地區的少數顧客除去，只對人數比較多的地區進行研討與判斷，就可以大致掌握商圈的分佈了。而若能進一步透過促銷活動的有效實施，將來店顧客資料做有系統的整理與分類，則對於基本顧客的培養與維繫，將可提供不少幫助。尤其是所謂社區性的咖啡館，對於商圈的有效掌握與來店客層的分析，是咖啡館經營成功的要務，所以商圈的管理是咖啡館拓展業績上極爲重要的一環。

三、卓越服務的要訣

優質的管理和服務是作爲整體戰略時，需要經常加以重視的。諸如經營計畫、咖啡採購、咖啡開發、存量管理，乃至後勤的商品業務等綜合流程，都與咖啡商品的強化有相當密切的關係。

其次，咖啡館的服務人員在等客時，要有優雅的姿勢，且注意服裝、化妝等儀表；接待顧客之際，要有適當的表情、態度及適宜的應對。所有服務生都要具備豐富的咖啡知識，適時地爲顧客作說明，同時還要具有商談能力。

店鋪內部的裝潢設施、有魅力且具美感的吧台陳列、店面照明等，都要有效地運用，並進一步加強廣告媒體的宣傳效果，提供各種服務措施。總之，咖啡館的服務能力必須是動用「人」、「設備」、「便利」等種種因素而進行的綜合經濟活動。

由於店主是整個咖啡館的管理者，凡是有關咖啡館營運上人、事、物等各方面的業務，都必須由店主負責處理。因此身爲店主，要想獲得部屬的依賴與尊重，則下列條件就是店主不可不具備的必要條件：

1. 應具有領導統禦的技巧，同時自己要有上進心，能作爲部屬的表率。
2. 待人處事表裡如一，且本身能自我約束，而爲部屬所敬仰。
3. 必須具有豐富的人生體驗，同時在對於事務處理上能夠客觀地把握狀況。

4. 擁有數字管理的觀念，且能具體地掌握工作目標，充分地運用人力與物力。

所以咖啡館經營成功的先決條件，就是店主擁有優越的條件，而能帶動整個咖啡館充滿活力；同時全店人員在店主的領導指揮下，充分發揮個人的能力，以求組織效率的強化。當然，談到組織效率的強化，就是每一個從業人員所負的責任與擔當的工作能夠具體化，同時能充分發揮團隊精神與協作效果。最明顯的表現，就是店員自覺性的提高。身爲店主者，就是要把握住適當的人員數，並且展開有效的配置，確實做到全體組織效率的提高，並使從業人員每人的工作士氣得以提升，能力更能充分發揮。這項要務除了經常做教育訓練灌輸外，其最具體的就是人員工作時間的合理運用與承辦作業的有效分配了。

總之，店主若欲強化組織效率，除了本身就應具備各項管理條件外，還必須有效運用從業人員的時間安排與工作配置，才能在不影響服務品質的狀況下，以最精銳的人力發揮最高的業績。

四、發揮領導能力的要訣

店主的能力固然能影響整個咖啡館的績效，但是也絕不能只憑店主自己一人之力即可完全達成工作目標。因此身爲店主必須善於指揮，並透過部屬的共同努力而達成任務。所以要有效地給每位部屬分配責任。

店主發揮領導統禦能力時，必具備下列三項要素：

第一，應具有正確判斷部屬的能力。

第二，做到人盡其才。

第三，要有培育部屬的能力。

由於每位部屬能力是有差別的，假定把能力最高訂爲一百的話，其中一定有七十、五十、三十等能力差別。而店主若觀察某位部屬有五十的能力時，就判斷其能力爲五十，這對於部屬在工作的執行上有著極大的助益。因爲店主對於部屬的能力若能正確地加以判斷，則當部屬完成一項工作時，此時自然會判定部屬已盡力而爲，自然便會讚美部屬的工作表現很好。而部屬在受到店主的稱讚後，便會認爲工作有意義、努力有回報，便會認眞地工作。由此整個咖啡館便具有活力，每人的工作效率便會提高。

其次是關於做到人盡其才的方面。現舉例子來加以說明：若能力五十分者有二人，其平均點數為五十分。當中某甲待人和藹可親又具備知識，假如讓某甲在大廳服務的話可得七十分，可是某甲若擔任財務管理時僅能得三十分。另外，某乙不太受人歡迎又不善於言詞，若讓其在大廳服務的話僅得三十分，但是他如果擔任財務管理可得七十分。現在如果讓某甲擔任財務工作，某乙負責服務工作，則兩人點數的合計僅有六十分；相反地，若讓某甲去從事服務工作，而讓某乙去負責財務工作，則兩人能力的點數即可達一百四十分，這就是人盡其才的具體說明。所以一位店主對於每位部屬的專長必須有效地加以掌握，使他們在工作上能發揮最大的效率，而且可以提高部屬的工作意願。

接著就是要有培育部屬的能力，這是身為店主者必須具備的另一要素，同時也是一項義務。因為部屬透過指導與教育後，必能提高工作才能，進而可以帶動咖啡館業務的發展。所以一位店主不管工作能力有多強，如果不能培育部屬，必難成為一位卓越店主，充其量只是技術人員罷了。

五、推動咖啡館營運的要訣

有關店主的職責及如何運用組織功能及發揮領導統禦技巧，已做過原則性的探討。而在咖啡館實際的經營上，也是必須透過組織系統、運用人力因素完成各項任務，並在相互的分工和彼此的協調下，才能發揮整體的團隊精神，推動咖啡館營運。

尤其現代的咖啡館經營，必須要能隨時掌握瞬息萬變的市場情報及咖啡館自身的經營條件，在人力、物力、財力有效的結合上展開一系列的經營活動。所以若不能有效地掌握組織、人力、任務彼此間的關係，並加以結合，對於任務的賦予與目標的達成將會產生阻力。

通常一般咖啡館經營就是缺乏這種認識，因此常會發現推動力的不足與執行上缺乏積極性的現象。身為店主者必須充分運用各部門或個人的許可權與責任的基本關連性，以及上級與下屬的相互關係，進一步在計畫、執行各階段賦予相對的權責，使得組織、人力與任務能完成有效的組合，藉以達成設定的目標。

案例之一，美術館咖啡店

上海有了一家「美術館咖啡店」，聽名字就覺得應該蠻有意思的。說起上海的南京路恐怕是無人不知，無人不曉。但是對於興致勃勃慕名前來的遊客而言只片刻工夫就感到了乏味，遍佈其間的這個「名店」或者那個「專賣」，難免讓人覺得有點無所適從——不知道從什麼時候開始，有了這樣的約定俗成：南京路上就應該賣服飾精品，唯此才能體現其韻味。

終於，在南京路上有了這樣一個雅致的所在——美術館咖啡店。人在喧嘩的都市中生活得太久了，開始渴望起一種寧靜而悠閒的生活，讓心裡重獲那種久違的平和的感覺。實際上每個人的內心渴望著人文精神的徹底回歸。

在美術館咖啡店中，單一杯咖啡，品味近前的人事和稍遠處的高樓，大鐘……感覺都不錯，幾十年的歷史好像就在我們跟前流過。即使隨便找個角落坐定，看看這座房子也是蠻愜意的，店內的細緻精巧特別能給人以家的溫情。店裡總是保持著寬敞、明亮，是那種讓人覺得健康愉快的地方，在這裡，你總能借著幽暗的燈光，握著另一半的手竊竊私語；但在午後的窗邊，欣賞燦爛陽光中動人的笑靨，也一樣令人迷醉。

在這個時候，咖啡的味道如何已經變得不再重要。無論如何，那種悠然的心情是無法比擬的。話雖如此，但這裡可算得上那種真正意義上的咖啡館，在這裡有二十種以上的咖啡可供挑選。法國、巴西、哥倫比亞，這些世界著名咖啡產地所產出的上等咖啡豆，都靜靜地躺在精美的紙袋裡，散發出誘人的香味，和精緻的咖啡磨、咖啡壺一起，構成了獨特的亮麗風景。

案例之二，上島咖啡

上島咖啡於一九六八年成立於我們臺灣本地，時至今日已經累積三十多年經營各類咖啡產品的經驗與實力，其烘焙技術，千錘百煉，領先潮流。

一九九七年五月，上島咖啡進入大陸與實力雄厚的唐城集團合作，旨在共同開發中國大陸的咖啡市場，使國內的咖啡文化得到普及和提升，至今已成立了咖啡加工廠、專業吧台師、廚師及外場工作人員培訓學校和物

流中心。上島連鎖店正在北京、廣州、南昌、武漢、海口、廈門等全國各地擴展運營中，各店經營狀況良好，取得了不俗的經濟效益。上島還具備了一支高素質、高品質優秀的服務隊伍，時刻準備為廣大消費者與加盟者提供優質的服務。

上島咖啡精選世界一流咖啡原豆，自國外進口，自家烘焙、批發、零售至開立門市部，累積數十年來對咖啡工藝之技術與經營，將上等咖啡推廣給喜好咖啡的人士。上島咖啡加盟店正在陸續增設中，希望能將咖啡文化迅速普及至每個角落，並提升國人對咖啡進一步的認知與享受。

案例之三，采萱西餐咖啡

位於深圳市羅湖區松園路的采萱西餐咖啡廳剛剛重新裝潢，耳目一新。雖然獨處於二樓，可那溫馨浪漫的氣息竟能伴著淡淡的燈光在你拾級而上時就「飄逸」而出。整個咖啡廳呈C型，入口處以歐式搖椅為主，三三兩兩的年輕男女悠閒地斜倚著搖椅，娓娓細語，淡淡的燭光映著一張張春風得意的笑臉，浪漫而溫馨。整個裝飾以東洋設計風格為主，給人一種自然、清新的感覺。這正符合時下裡「回歸自然」的潮流。

正中間是表演區。每晚這裡都有各種特色演出，電子琴、吉他、古箏等節目體現出中西合璧的音樂文化，能滿足各層次的欣賞要求。尤其是古箏悠揚的琴聲和實力派中英文歌星懷舊經典歌曲的演唱，讓您在輕歌曼舞的音樂氛圍中自我陶醉，充分享受一個悠閒的都市浪漫之夜。而每晚知名音樂人出身的徐琿總經理的電子琴演奏，讓您在美酒和咖啡的陪伴下，進入到一種更高層次的音樂意境中。當然，不定期舉辦的音樂會和沙龍等，一定能讓有品味的人士大飽耳福。

在咖啡廳中大力推出酒水，這是采萱在經營形式上的突破，也是它迎合大眾消費的奇招。酒吧位於大廳正中入口處，裡面各式紅酒、人頭馬、經典雞尾酒如紅粉佳人、碧海藍天等一應俱全。酒名貴但價不貴，人民幣二、三十元一杯，到這裡的顧客都有機會喝上好酒。

情侶雅座和包廂處於大廳右側。如果您是好靜之士，又不想讓他人影

自己的浪漫情調和好心情，選擇這兩處地方傾心訴情，正合口味。

采萱咖啡廳的定位雖以大眾化消費為主，但它的品種卻非常講究，不斷推陳出新。如日本料理型商務中式盒飯套餐，就是采萱根據白領階級的消費需求，進行的一個大膽創新。讓白領一族在繁忙的工作之餘，以較低的花費，即可享受浪漫尊貴的咖啡屋情調和經典中餐口福。這裡利用比利時皇家名貴咖啡壺現煮的藍山咖啡更是一絕，那更香更醇的地道口感，餘味饒舌，讓人愛不釋杯。

今日采萱咖啡廳，讓顧客感受最深的不僅僅是它獨特的咖啡品種，服務和經營理念的悄然變化，更給顧客一種「回家」的親切享受，這裡的氛圍活躍、隨意。員工和大廚都經過嚴格的專業化訓練，其一招一式，舉手投足間皆見專業功底。而所有的服務，均以顧客的需要為基礎，如白天六點鐘前增設卡拉OK、大螢幕投影機、足球賽轉播、娛樂節目表演等。音樂人出身的總經理徐琿先生認為：在采萱，寧可沒有你這個經理或員工，也不能失去一個顧客。這是采萱咖啡廳制定的經營宗旨，更是徐總在深圳娛樂行業拚搏十載的管理心得。在采萱，徐總並沒有把自己當作老闆，而是和員工一道，把采萱當作自己事業的新起點，攜手把「采萱」的品牌打造出去。

第四章
日本料理店

日本料理的由來

一、料理的由來

若問一般中國人，日本料理的特徵、印象如何，一般地回答必定是：日本料理，即用眼睛品嘗的料理。說得沒錯，但用眼睛品嘗什麼，只是用眼睛品嘗的料理嗎？

據說在上海約有兩百家日本料理店。但我經常疑惑，眞是家家生意興隆，眞如此被上海人所接受嗎？

1. 日本料理的五味——實爲六味

說日本料理是用眼睛品嘗的料理，也沒錯，但更準確的說法應該是用五感來品嘗的料理。即：眼——視覺的品嘗；鼻——嗅覺的品嘗；耳——聽覺的品嘗；觸——觸覺的品嘗；自然還有舌——味覺的品嘗。

說到能嘗到什麼味道，首先是五味。五味可能和中國料理相同，甜酸苦辣鹹。並且料理還需具備五色，黑白赤黃青。五色齊全之後，還需考慮營養均衡。日本料理由五種基本的調理法構成：切、煮、烤、蒸、炸。製作日本料理基本是運用這五種基本調理法，而非中國烹飪那樣複雜，所以本身認爲日本料理的烹飪法應該是單純的。

日本料理在五味之外，還有第六種味道——淡。「淡」則是要求把原材料的原味充分的牽引出來。總之，日本料理是把季節感濃郁的素材以五味（實爲六味）、五色、五法爲基礎，用五感來品嘗的料理。

另外，還有料理所用的盛器也十分重要，極講究。

日本料理是以何爲基礎，如何演變的？首先，有傳統的文化、習慣爲基礎的料理體系，在日本稱爲本膳料理（十分正式的日本宴席），現在有專以本膳料理爲特色的餐廳。在日本的鐮倉、室町時代，茶道形成了，由此而產生了懷石料理（品茶前獻給客人的精美菜餚），這是以十分嚴格的規則爲基礎而形成的。追溯往昔，隨著普通市民的社會活動的發展，後來逐漸產生了料理店。再進一步發展形成了會席料理（豐盛的宴席）。

2. 日本料理的特徵─絕不可少的各種調味料

說起上海的日本料理，有一些不符合上海人的口味，也不符合日本人的口味。爲什麼呢？無非是選材不用心，並且沒充分牽引出原材料的原味。因爲沒有牽引出「淡味」，所以味道就顯得遜色，要使料理有「淡味」，出汁是十分重要的，當然，水、醬油、味等調味料也是相當重要的。

日本料理的出汁，是從鰹魚乾及曬乾的海帶中提取製作而成的。鰹魚乾是將鰹魚用一種十分特殊的方法乾燥而成的。在日本，成品鰹魚乾是由專門的公司提供的。並且，據鰹魚乾的部位不同，做出的出汁味道不同，用途也不同，也有用青花魚做的，而海藻也是曬乾的。

在中國，對於海帶好像沒有很細的區分，而製作日本料理出汁所用的海帶必須嚴格區分海帶的品種，並且，是否是兩年藻？是否在夏天收割？是否當天收割曬乾而成？曬乾後的加工方法又有嚴格的規定等，所以海帶的製作決非一件容易之事。

鰹魚乾與海帶的組合，關係到製出怎樣的出汁，而出汁的味道又關係到料理的味道。另外還有用沙丁魚、飛魚、干貝、蝦、魚骨等製成的出汁。不管怎麼說，出汁雖然微淡，但它必需充分體現原材料的精華，色澤透明。

調味料中與中國烹飪最大的區別就是味的使用。味不僅賦予料理以自然的甜味，還在使其產生光澤，對原材料的精華美味進行凝縮、保持方面具有其他調味料所不具備的烹飪功效，味還能有效地防止菜餚散掉，並保持原型。

醬油的品種：淡口醬油、濃口醬油、白醬油等等，據用途不同使用不同的品種。

味噌有多得數不清的品種，據原料不同，分米味噌、麥味噌、豆味噌等等。據說味增是從中國傳到日本，但在如今卻比中餐使用得更多，是日常生活中必不可少的調味料。

醋也是日常的調味料，據說原先也是從中國傳來，但現在卻與中國醋的味道完全不同。例如做壽司時不能用中國醋，但日本醋也不能用於小籠包。其他最基本的調味料，自然有糖和鹽。

以上是調味料的大致說明，同樣是發酵而成調味料，中國和日本的用法已經不同。如前所述，日本料理中調味料的使用是爲了把材料原味的淡味更充分的牽引出來，而中國烹飪是爲了增加美味而使用調味料。

二、四大料理

1. 懷石料理

煎茶之前的用膳，爲了不影響品茶的樂趣，料理的味道和用料十分講究。茶館主人按季節，精心挑選新鮮海產和蔬菜烹調，用足心思。懷石料理講究環境的幽靜，料理的簡單和雅致。

2. 卓袱料理

中國式的料理，其特色是客人圍著一張桌子，坐的是靠背椅子，所有飯菜放在一張桌子上。這種料理是起源於中國古代的佛門素食，由隱元禪師作爲「普茶料理」（即以茶代酒的料理）加以發揚。由於盛行於長崎，故又稱「長崎料理」。料理師在佛門素食內採用了當地產的水產肉類，便創立了卓袱料理。卓袱料理菜式中主要有：魚翅清湯、茶、大盤、中盤、小菜、燉品、年糕小豆湯和水果。小菜又分爲五菜、七菜、九菜，以七菜居多。一開始就先把小菜全部放在桌子上，一邊進食，一邊將魚翅清湯及其他菜餚擺上桌。

3. 茶會料理

室町時代（十四世紀）盛行茶道，於是出現了茶宴「茶會料理」。初開始茶會料理只是茶道的點綴，十分簡單。到了室町末期，變得非常豪華奢侈。其後，茶道創始人千利休又恢復了茶會料理原來清淡素樸的面目。茶會料理儘量在場地和人工方面節約，主食只用三器——飯碗、湯碗和小碟子。間中還有湯、梅乾、水果，有時還會送上二三味山珍海味，最後是茶。

4. 本膳料理

屬紅白喜事所用的儀式料理。一般分三菜一湯、五菜二湯、七菜三湯。烹調時注重色、香、味的調和，亦會做成一定圖型以示吉利。用膳時也講究規矩，例如：用左手拿著左邊的碗，用右手把蓋放左邊。反之則用右手揭蓋。先用雙手捧起飯碗，放下右手，右手拿筷。每吃兩口飯，就要放一下碗，然後雙手捧起湯碗，喝兩口再放下碗。吃兩口飯再夾一次菜。

日本料理名詞

一、誘人的食品名詞

1. 壽司

壽司是在飯裡放醋做主材料的日本料理。傳說壽司是以前爲了儲藏鮮魚而製成的。在日本把新鮮的生魚切成片放在飯上，然後放在撒著鹽的板上，上面放上石頭，幾個星期以後，被飯發酵得魚片吃起來味道非常鮮美。有的書上記載把飯和鮮魚放在木桶裡，飯發酵時而產生出來的乳酸菌可以保存鮮魚。

煎蛋壽司和穴子魚壽司的味道最能代表壽司店的水準。因爲壽司店很少用這樣加熱後的材料做壽司，所以能反映出師傅的手藝。但是壽司店的好壞還是靠材料的新鮮程度。

2.章魚丸（章魚燒）

爽口、外脆內軟、章魚鮮味，又稱「小丸子」。它是一種在鐵板上用油煎的食品，裝在船形小盒子裡，章魚丸子的外頭很脆，裡面的餡很香，新鮮美味的章魚丸子配上照燒汁、日本芥末醬、沙拉醬、黑胡椒粉、辣粉和柴魚片，味道絕不混亂，才更突出了章魚鮮味。

3.鐵板燒

即即席料理，大家圍坐在大而扁平的鐵板周圍，燒熱鐵板後擦上油，放上食材煎熟，廚師當場操作，邊吃邊煎。日式鐵板燒是較高檔的日本料理。

日式鐵板燒首先要求食材的高品質和絕對新鮮，製作之前不經過醃製，只在燒烤過程中加入鹽、胡椒兩種調味品，品的是食物的原始味道。僅一個牛肉就從低到高分爲不同級別：國產牛肉、美國牛肉、神戶牛肉，價格差別也相當大。特點之二是廚師現場進行菜品的製作，所以吃鐵板燒是個慢功夫，你可以邊吃邊聊，還可以欣賞廚師表演的令人眼花繚亂的「雜耍」，所以建議最好還是晚上時間充裕的時候去。

吃法上講究不同的食物配不同的汁料，食用海鮮水產品類要蘸淺色汁（日本醋或西餐汁），其他如肉類、蔬菜等蘸深色汁（特別配製的日本醬油或芝麻汁）。先吃開胃菜，然後是刺身、海鮮、肉類……

4. **先付**

即小酒菜，像鹽漬墨魚。口味以甜、酸、鹹爲主，最小，口味多樣。

5. **前菜**

即冷菜，可以單上，也可三五種拼盤上。

6. **先碗**

即清湯，意即飯前上的湯。一般用木魚花（柴魚）頭遍湯做，清澈見底，口味清淡。刺身即生魚片，日餐中的主要菜式。

使用的食材主要有金槍魚（鮪魚）、鯛魚、偏口魚（比目魚）、鯖花魚、鱸魚、蝦、貝類等，以金槍魚、鯛魚爲最高級。一般搭配白蘿蔔絲、蘇子葉（紫蘇葉）、蘇子花、菊花、辣根（似日本芥末）上桌。吃法上有的蘸醬油，有的在醬油裡放檸檬汁、菊花葉、帶酸口；也有蘸用清酒泡紅酸梅的汁，加上點辣根，甜、酸、痲辣，口感獨特。講究的蘸汁要根據魚的種類，比如以海鰻配爽口味濃的梅肉醬油，肉質肥嫩的魯魚切薄片配以蘿蔔泥、蔥絲、紫菜，蘸食酸醬油，別有一番滋味。

7. **揚物**

即炸菜，主要是炸天婦羅。用麵糊裹菜來炸統稱天婦羅，據說烹製方法源於中國，名字來自荷蘭。海鮮製的天婦羅以蝦爲佳，也可以用蔬菜的根、莖、果實、葉及菌類來炸食。天婦羅裹的麵糊越薄越好、越熱越香，最好現炸現吃。吃時配以天婦羅汁、蘿蔔泥、檸檬，外酥脆、裡軟滑，清甜，通常是中國人最容易接受的日本料理。

8. **燒物**

以明火或暗火烤製，有焦香味，常見的如烤鰻魚、鹽烤秋刀魚等。

9. **酢物**

即醋酸菜，可以與冷菜一起上，也可放在菜點之後，醬湯之前，既可開胃，又可使人在飯後不產生油膩感。

海味的醋酸菜往往加入薑汁或辣根粉，以解腥味。盛器多使用較深的碗、砵。

10. **煮物**

即燴煮料理。指兩種以上材料，煮過後分別保持各自的味道，配置放在一起的菜。這種做法出自關西一帶，用合乎時令的全類、蔬菜，加上木魚花湯、淡口醬油、酒，微火煮軟，煮透，口味一般甜口，極清淡。

11. **漬物**

即鹹菜，日本人每餐必備鹹菜，高級宴會也不例外，以黃蘿蔔鹹菜和醬瓜最受歡迎。

菜單裡有時與煮物並在一類。日本人最喜歡吃茶碗木須（蒸蛋），冷雞蛋豆腐一類的蛋製品。茶碗木須其實就是加有其他食材的蒸雞蛋羹（茶碗蒸），放有鮮蝦、肉丸、蘑菇，清鮮、柔嫩，倒也別致。此外有些魚類、貝類加酒蒸的菜色。（編按：北京人稱蛋花、蛋絲為木須。）

12. **鍋物**

即火鍋，主要是牛肉火鍋，又稱鋤燒。

13. **止碗**

即醬湯，主要以大醬（味噌）爲原料，調味使用木魚花二道湯。許多中國人都不大習慣醬湯的味道，但卻是日本人每餐的必備之物，營養豐富。一般與飯一起在最後上。口味較重，一般放入豆腐、蔥花，也有放海鮮及菌類。高級的宴會通常會上兩道湯，清湯和醬湯，一般情況上一道醬湯即可。

14. **食事**

即主食，包括各種飯，麵條和壽司。麵條以菜麵條和蕎麥麵最常見，熱食近似中國的湯麵條，冷麵像中國的涼拌麵，麵條放在冰塊上，配上麵汁、蔥花、辣根粉、紫菜絲，冰涼舒服，夏天吃尤佳。米飯除白米飯外，還有各種風味飯，如赤豆飯、栗子米飯等，此外還有蓋飯，像鰻魚飯、天婦羅飯等。壽司即醋飯，讀音如「四喜」，也譯作四喜飯。但糖、醋的配合，用的比例，可隨個人口味確定，在日本有專門的壽司店，而各家料理均自成一味。吃壽司有壽司汁，裏有魚片的以魚片的一邊蘸汁，以免米飯散開。甜食一般是時令水果。

二、日本料理的進餐形式

一般分爲定食、便當和會席料理，當然也可以單點。

1. **定食**

即份飯，通常在午餐食用。其實是日本便當盒子，分多格，裡面裝著雞排、豬排、牛肉或什錦，另一大格子中盛著白飯。白飯上一定放著一種染紅的酸梅，是用來象徵最受小孩子歡迎的兒童餐，會做得像玩具。定食內必須有米飯、鹹菜、醬湯或清湯，其他可隨價格配。

2. **便當**

即盒飯，一般飯盒是漆器狀的木製品，分四、五格兩種，每格可放一種菜和相應的飯糰。

3. **會席料理**

是依不同的季節編的代表性的套餐菜單，多名爲「櫻」、「松」、「竹」、「梅」等，檔次最高。

餐廳選擇與設計

一、整體環境佈局

餐廳的整體佈局是透過通道空間、使用空間、工作空間等要素的完美組織所共同創造的一個整體。作爲一個整體，餐廳的空間設計首先必須合乎接待顧客和使顧客方便用餐這一基本要求，同時還要追求更高的審美和藝術價值。

原則上來說，餐廳的整體平面佈局是不可能有一種放之四海而皆準的眞理，但是它確實也有不少規律可循，並能根據這些規律，創造相當可靠的平面佈局效果。

餐廳內部設計首先由其面積決定。由於現代都市人口密集，寸土寸金，因此須對空間作有效的利用。從生意上著眼，第一件應考慮的事就是每一位顧客可以利用的空間。餐廳內場地太擠與太寬均不好，應以顧客來餐廳的數量來決定其面積大小。

秩序是餐廳平面設計的一個重要因素。由於餐廳空間有限，所以許多建材與設備，均應作經濟化、有秩序的組合，以顯示出形式之美。所謂形式美，就是全體與部分的和諧。簡單的平面配置富於統一的理念，但容易因單調而失敗；複雜的平面配置富於變化的趣味，但卻容易鬆散。配置得當時，添一份則多，減一份嫌少，移去一部分則有失去和諧之感。因此，設計時還是要運用適度的規律把握秩序的精華，這樣才能求取完整而又靈活的平面效果。

在設計餐廳空間時，由於各種用途所需空間大小各異，其組合運用亦各不相同，必須考慮各種空間的適度性及各空間組織的合理性。主要空間有如下幾種：

1. **顧客用空間**

如通道（電話、停車處）、座位等，是服務大眾、便利其用餐的空間。

2. **管理用空間**

如入口處服務台、辦公室、服務人員休息室、倉庫等。

3. **調理用空間**

如配餐間、主廚房、輔廚房、冷藏間等。

4. **公共用空間**

如接待室、走廊、洗手間。

在運用時要注意各空間面積的特殊性，並考察顧客與工作人員動線的簡捷性，同時也要注意消防等安全設施的安排，以求得各空間面積與建築物的合理組合，高效率利用空間。

二、用餐設備的空間配置

店內設計除了包括對店內空間做最經濟、有效的利用外，店內用餐設備的合理配置也很重要。諸如餐桌、椅子以及櫥、櫃、架等，它們的大小或形狀雖各不相同，但應有一定的比例標準，以求得均衡與相稱，同時各種設備應各有相當的關係空間，以求能提供有水準的服務。

具體來說，用餐設備的空間配置主要包括餐桌、椅子的尺寸大小設計及根據餐廳面積大小對餐桌的合理安排。餐桌可分西餐桌和中餐桌。西餐桌有長條形的、長方形的；中餐桌一般爲圓形和正方形，以圓形居多，西歐較高級的餐廳都採用圓形餐桌。如空間面積許可，宜採用圓形桌，因爲圓形桌比方型桌更富親切感。現在餐廳裡也開始用長方形桌作普通的中餐桌。方形桌的好處是可在供餐的時間內隨時合併成大餐桌，以接待沒有訂位的客人。

餐桌的用餐人數依餐桌面積的不同有所不同，圓形的中餐桌最多能圍坐十二人，但是快餐店裡更喜歡一人一個的小方桌。餐桌的大小要和用餐形式相適應。現代生活中，人們並不是經常結伴、成群地去餐廳大吃一頓，多數還是一兩個人默默的用餐，所以對於一般餐廳來說，還應以小型桌爲主，供二人至四人用餐的桌子，剛好符合現代中國家庭的要求。

而快餐店可以多設置一些單人餐桌，這樣，用餐的客人不必經歷那種和不相識的人面對而坐、互看進餐的尷尬局面。而且，快餐店的營業利潤依賴於進餐人數。一人一桌，即使是幾個朋友一塊來，也不便左右回顧去大聲聊天，影響進餐速度。能讓顧客快吃快走，才是最理想的餐桌形式。

大型的中餐桌，往往是供團體用餐而設置的。中餐的菜單複雜，從涼菜到最後上湯、水果，用餐結束，最快也要四十分鐘以上的時間。而用餐人一聊天，海闊天空，一餐時間往往只能接待一茬顧客。

對於料理店來說，營業利潤並不是依靠就餐人數，而是依靠消費水準。爲了能使餐館的利潤提高，包廂就是一種好的形式。因爲，首先包廂爲用餐人提供了一個相對秘密的空間環境，別人干擾不了他們，他們也不會干擾別人；其次，在這樣一個小空間裡，服務水準和服務設施可以有很大的提高；再者，顧客可以延長用餐時間，用餐消費的開支可以隨之提高；另外，由於是品嘗性質的慢慢用餐，而且每道菜送上來時，服務人員可以向顧客介紹菜的內容，因此在這裡也可以充分感受飲食文化。

餐桌的大小會影響到餐廳的容量，也會影響餐具的擺設，所以決定桌子的大小時，除了符合餐廳面積並能最有效利用尺寸外，也應考慮到客人的舒適以及服務人員、工作人員工作方便與否。桌面不宜過寬，以免佔用餐廳過多的空間面積。

座位的空間配置上，在有柱子或角落處，可單方靠牆做三人座，可也變成面對面或並列的雙人座。餐桌椅的配置應考慮餐廳面積的大小與客人餐飲性質的需要，隨時能做迅速適當的調整。

三、日本料理餐廳裝修參考

某餐廳位於上海市中心一座綜合大樓的底層裙房內，裝潢範圍內有四根大的柱子，業主要求在三百六十度的範圍內佈置一個廚房、一個燒烤區、一個壽司吧、七十八個座位和八間可分、可合的包廂。

根據對日本料理餐廳流程和以上幾個功能要求的實地考察，一個初步的平面設計圖確定下來：將廚房、燒烤區、壽司吧和包廂置於四周，中央為座位區。根據這樣的佈局，整個設計的空間形態也基本上具備了雛形：中央的座位區作為「院子」的形態出現，四周的幾個區域則好比「院子」四周的包廂，恰好把幾個柱子隱藏於隔牆之中，而位於「院子」內的柱子將以一個視覺中心的形象出現，強化它對整個空間的控制作用。

按照這樣的設計思路，許多具體的設計手法也得到了運用：包廂比座位區地面高出四十公分，一方面強調了室內和「院子」的界線，另一方面也為包廂內座位的下凹騰出了空間，而「院子」四周的假簷口、座位區上方簡潔的仿雲朵的天花板處理以及包廂入口處的青石板地面，都在暗示座位區確是一個日本式的露天內院。

壽司吧前低矮的木欄杆，恍若「院子」邊的一處連廊；不時出現的木枝架也正是從日本建築抽象而來。座位區中從廚房蜿蜒至包廂前的石板路，除了是一條合理的送餐路線，是不是也隱喻著日本式山水中的一條小溪。從「院子」拾級而上，就到了包廂內，典型的日式移門、透過在牆面內嵌日光燈而成的「窗」以及壁龕內擺放的古玩，都在不經意之間流露著日本風情。

廚房成本核算

一、成本概念

成本是一個價值範疇，是用價值表現生產中的花費。廣義的成本是指企業為生產各種產品而支出的各項花費之和，它包括企業在生產過程中的原料、燃料、動力的消耗，勞動報酬的支出，固定資產的折舊，設備用具的損耗等。

由於各個行業的生產特點不同，成本在實際內容方面存在著很大的差異，如點心行業的成本指的就是產品的原料花費之和，它包括食品原料的主料、配料和調料。而生產產品過程中的其他花費如水、電、燃料的消耗，勞動報酬、固定資產折舊等都作爲「費用」處理，它們由會計方面另設科目分別核算，在廚房範圍內一般不進行具體的計算。

成本可以綜合反映企業的管理品質。如企業勞動生產率的高低，原材料的使用是否合理，產品品質的好壞，企業生產經營管理水準等，很多因素都能透過成本直接或間接地反映出來。

成本是制定餐點價格的重要依據，價格是價值的貨幣表現。產品價格的確定應以價值作爲基礎，而成本則是用價值表現的生產花費，所以，餐點中食材花費是確定產品價值的基礎，是制定餐點價格的重要依據。

成本是企業競爭的主要手段，在市場經濟條件下，企業的競爭主要是價格與品質的競爭，而價格的競爭歸根到底是成本的競爭，在毛利率穩定的條件下，只有低成本才能創造更多的利潤。

成本可以爲企業經營決策提供重要資料。在現代企業中，成本愈來愈成爲企業管理者投資決策、經營決策的重要依據。

二、成本核算的概念

對產品生產中的各項生產費用的支出和產品成本的形成進行核算，就是產品的成本核算。在廚房範圍內主要是對耗用食材成本的核算，它包括記帳、算帳、分析、比較的核算過程，以計算各類產品的總成本和單位成本。

1. **總成本**

是指某種、某類、某批或全部餐點成品在某核算期間的成本之和。

2. **單位成本**

是指每個餐點單位所具有的成本，如元／份、元／千克、元／盤等。成本核算的過程既是對產品實際生產花費的反映，也是對主要費用實際支出的控制過程，它是整個成本管理工作的重要環節。

3. **成本核算的任務**

(1) 精確地計算各個單位產品的成本，爲合理地確定產品的銷售價格打下基礎。

(2) 促使各生產、經營部門不斷提高操作技術和經營服務水準，加強生產管理，嚴格按照所核實的成本耗用食材，保證產品品質。

(3) 揭示單位成本提高或降低的原因，指出降低成本的途徑，改善經營管理，提高企業經濟效益。

4. **成本核算的意義**

正確執行物價政策，維護消費者的利益，促進企業改善經營管理。

5. **保證成本核算（工作順利進行的基本條件）**

建立和健全餐點的食材定額標準，保證加工製作的基本要求；建立和健全餐點生產的原始記錄，保證全面反映生產狀態；建立和健全計量體系，保證實測值的準確。

三、飲食成本核算的方法

飲食成本核算的方法，一般是按廚房實際領用的食材計算已售出產品耗用的食材成本。核算期一般每月計算一次，具體計算方法為：如果廚房領用的食材當月用完而無剩餘，領用的食材金額就是當月產品的成本。如果有剩餘食材，在計算成本時，應進行盤點並從領用的食材中減去，求出當月實際耗用食材的成本，即採用「以存計耗」倒求成本的方法。其計算公式是：

本月耗用食材成本＝食材上月結存額＋本月領用額－月末盤存額。

如：某點心店進行本月原料消耗的月末盤存，其結果是剩餘五百八十元（人民幣）原料成本。已知此點心店本月共領用食材成本兩千六百元，上月末結存罐頭等食材成本四百六十元，問此點心店本月實際消耗原料成本爲多少元？

實際耗料成本＝上月結存額＋本月領用額－月末結餘額：

460＋2600－580＝2480（元）

餐飲行銷方法

二〇〇三年對於餐飲行業來說將是一場激烈的競爭戰。怎樣才能使你的店在環境、服務、飯菜、價格、公關等方面成爲地方區域的龍頭呢？

一、記分利用知名度

樹立知名度、提高信譽。在短時間內，不管從言行宣傳、電視媒介上，都要有一定的影響。但要想做到你沒我有、你有我優、你優我變的程度，還需不斷努力、拚搏。所以，酒店應定期地舉辦一些節目；籌劃一些活動；贊助一些事業，來擴大自己的知名度。看起來是得費些人力財力，但只要計畫得力，安排恰當，一定能收到效益和影響的。

二、員工形象

員工的整體形象與素質。開業後員工在紀律、條件、環境的約束下，盡心盡責地工作。經過一段時間適應後，會出現懶散、紀律鬆懈，對工作的開展有一定的阻力。所以，在員工的整體紀律與心理素質上還要加強培訓，培養員工的集體榮譽感和自豪感，使員工的精神面貌煥然一新。走出店門後能自豪地說「我是某某店的人。」這樣店的形象會更好！

三、優質服務

怎樣才能提高服務生的工作積極性，這是優質服務的首要前提。用意見卡記酬這種方法比較好，它打破常規，使服務生的收入高低拉開，使每個人都有危機感，同時也有收穫的喜悅，也便於管理。

四、良好環境

從整體到每一個角落，都要使客人覺得賞心悅目。在用餐的同時能夠感覺到溫馨的氣氛，使人覺得物超所值。

五、廚房特價

廚房可根據季節，每週推出一兩樣主題菜或特價菜，以此吸引或刺激顧客的消費。

六、贈品

店家應要備有特色的小工藝贈品，讓顧客覺得到該店用餐，除了能享受高層次的氣氛，還能得到令人心奇的小玩意兒。它不僅能達到宣傳作用，還能提高店家的水準。在發送上可以根據消費的高低，贈送與之相配的贈品，但需要專人負責。

七、建立和收集「客源檔案」

如企業A董事A年A月A日生日，B公司B年B月B日週年慶，C經理結婚紀念日，時間一到，提前發放賀卡，藉此來加強與客人的聯繫，使店家有一批穩定的客源。

八、餐後服務

用餐後，客人除了得到贈品、優惠券外，或許可以安排一兩個人爲客人免費洗車（憑餐券或其他手續），事雖小，卻能爲客人減少許多麻煩，以此來增加客人對店家的印象，從而創造效益。

案例

日本料理店的特色服務——桃太郎貴賓卡

尊敬的VIP貴賓：

您好，首先桃太郎感謝您光臨本店，歡迎您成為我們的貴賓，為了讓您更好的使用我們的VIP貴賓卡（以下統稱VIP卡），享受到VIP卡給您帶來的各種便利，請您詳細閱讀以下條款：

一、桃太郎VIP卡申請

1. 凡到桃太郎消費的客人（任意消費），可憑消費結帳單，並支付所需費用申請桃太郎VIP卡成為桃太郎的朋友。

2. 申請桃太郎VIP卡必須正確、完整填寫「桃太郎VIP卡申請資料」。

3. 客人在填寫完申請資料後，即刻獲得桃太郎VIP卡成為桃太郎VIP會員，此卡可在下一次消費時開始第一次使用，並享受優惠。

4. 您也可以登錄桃太郎網站申請桃太郎VIP卡。

二、桃太郎VIP卡積點使用說明

1. 每位桃太郎會員只限擁有一張桃太郎VIP積點卡。

2. 桃太郎VIP積點卡僅限持卡人本人使用，不得轉借他人。

三、桃太郎VIP卡優惠說明

1. 消費優惠

持桃太郎VIP卡的客人，可享獲受桃太郎消費打九折的優惠。

2. 消費積點優惠
(1) 持桃太郎VIP卡的客人，可享受到桃太郎消費積點的優惠。
(2) 消費積分辦法：持桃太郎VIP卡到桃太郎每消費一百元累計一點，不足一百元的消費額以小數點計算。
3. 積點送禮優惠
(1) 桃太郎會員持VIP卡消費累計積點達（含超過）一百、兩百、五百點時，贈送桃太郎會員點數禮品。
(2) 桃太郎會員點數禮品每季更換一次，相關禮品以桃太郎公告為准。
(3) 會員兌換完相對等級的禮品後，同時會銷除與之對應的兌換積點數，剩餘的積點數可繼續累計。
4. 相關企業優惠權益
持桃太郎VIP卡到桃太郎的相關企業消費可享受優惠。
5. 資訊提供優惠
(1) 持VIP卡的會員，桃太郎將及時透過郵寄DM給您適時的桃太郎美味

資訊。

(2)桃太郎將為留有E-mail持VIP卡會員提供桃太郎優惠資訊。

(3)桃太郎將為留有E-mail持VIP卡會員免費提供企業月刊《美味・開心・健康》。

6.會員生日優惠

持桃太郎VIP卡的會員生日前三天和後三天到桃太郎店內消費，出示您的身份證，即可獲得店內贈送的紅酒一瓶，並且在您消費的同時，我們將為您播放生日快樂歌，讓更多的客人分享您的喜悅。

第五章
西餐廳

市場分析

新華社於二〇〇二年春節期間播放名為《年夜飯西餐成新寵》的新聞稿：

新華社廣州2月11日電

優雅的西方古典音樂，閃爍的燭光，一派聖誕氣息，幾十個家庭卻是在吃中國傳統的年夜飯。除夕夜，廣州不但各大酒樓熱絡異常，連西餐廳也都紛紛滿座，西餐年夜飯也開始走入廣州家庭。為了吸引客人，廣州綠茵閣、蒙地卡羅等西餐廳也紛紛推出西式年夜飯。綠茵閣西餐廳推出的三款年夜飯的價格分別是一九八元、二九八元和三九八元，比中式年夜飯還要便宜。而在西餐廳裡吃年夜飯的也多是年輕白領家庭，他們當中有的是在其他餐廳沒訂到位，更多的人是想體驗一下不同的年夜氣氛。據蒙地卡羅西餐廳負責人介紹，在除夕夜訂位的客人就已有七成，而去年除夕夜，他們餐廳只有五成左右的客人。

藉由這則消息讓我們看到，西餐已經深入中國民心了。西餐在中國大有市場，並在中國的廣泛發展。中國人講究幾代幾世同堂，反映到飲食上就是祖孫三代圍坐而食。宴會也罷，家庭進餐也罷，每每眾人雜坐，湯菜置於桌上，大家湯匙、筷子齊下，往往伸向同一個碟子、盤子裡，坦率地講是不太衛生。而西餐卻是人各一器，不相干擾，這種新穎、衛生的飲食習慣引起了國人的興趣，使一些「敢為天下先」、思想開放的人爭相仿效。

從二十世紀五〇年代到六〇年代末期，西餐在中國的發展有一定的傾向性。解放初期，中國與東歐和當時的蘇聯關係密切，俄式西餐在中國有了一定的發展。二十世紀六〇年代以後，西餐的發展處於停滯狀態。改革開放以來，特別是近二十年來，中國與世界各國的交往日益擴大，旅遊業也被人們重新認識，一批高檔涉外酒店相繼投入，西餐在中國的發展比歷史上任何時期都更為迅速。隨著人民生活水準的不斷提高，西餐日益受到了各層次食客的喜愛。中國國內與國外客人的需求，共同促進了西餐在中國的發展。

從整體來看，目前中國西餐的發展正處在上升階段，從菜餚製作到餐廳服務，在一些旅遊重點城市的高檔酒店中，已經與歐美各國的西餐相差無幾。而在許多中低檔西餐廳中，儘管西餐菜餚的製作水準還比較落後，菜色陳舊，設備設施也有待進一步更新，但可喜的是其經營水準正策馬揚鞭，迎頭趕上。

西餐進入中國後，中國人的胃口也變了。隨著國際經濟的日趨一體化，國際交往的日益頻繁和旅遊業的發展，世界範圍內的飲食文化已經開始走出昔日的既定軌跡，形成了一個不可阻擋的交流與融洽的大趨勢。當今歐美國家已開始注意創造食品美味和翻新花樣，中國也開始注重以現代科學方法生產食品。客人既講究吃的科學，又強調食的樂趣；既追逐食品多樣化，又注重省事省力。新世紀的餐飲文化消費心理趨勢是追求飲食的快樂化、大眾化、講究科學的營養化、注重飲食的快捷化、崇尚口味的多樣化。世界飲食文化將進入中西合璧、各國食品大融合的階段。中國新世紀西餐文化消費心理趨勢表現在以下三個方面。

一、追求西餐的快樂化

新世紀，人們將更注重找尋活著的「滋味」，當今社會競爭日趨激烈，人們在緊張的工作之餘，迫切需要在生活中尋找可以平衡那過於疲勞的身心的休閒方法。可以預料，西餐之樂將越來越成爲顧客追逐的時尚。西餐征服顧客是在經濟的背景下實現的，以作爲講求營養的近代文明象徵而被食客認同，西餐還以自己的飲食文化和食品美味的魅力，贏得食客的讚譽。可以說，西餐大有潛力可挖。

二、傾向西餐的大衆化

西餐的大衆化是近年來餐飲消費市場變化的一個突出特點和發展趨勢。西餐定位，一要研究適應大衆口味；二要研究適應大衆價位。

適合大衆口味，是指西餐有適應大衆消費習慣口味的菜色，滿足顧客的消費心理。許多高級西餐廳，時下卻一改過去一味「貴族化」的傾向，迅速走上了「雅俗共賞」的路。爲滿足顧客的需求，各家西餐廳都特別注重推出大衆風味菜餚，使之實實在在地靠近食客。大衆化還呈現在家庭和西餐文化的反串，這在餐具的使用和用餐形式以及氛圍等方面，也越來越明顯地得到了顧客的認可，令顧客頓生雅趣，平添幾多親切感。所有這一切，使食客產生了有如在家進餐一般自然、休閒的感覺。

西餐廳要把價格定得合理，既不可太高而讓一般顧客望而生畏，又不可太低而使西餐廳無利可圖。因此，掌握適當的價位是非常重要的。

三、崇尚西餐的多樣化

如今，經濟發展了，顧客將更注重在飲食中增加新的內容。了解異域和所處階層以外的西餐文化的願望將與日俱增。顧客不再滿足「靠山吃山，靠水吃水」，希望了解外面的世界、異域的食尚。西餐文化必將打破地區界限，必將經過同化或異化來滿足這種需要。各種風味的世界名食聚於西餐廳，將成爲餐飲業的新景觀。因此，挖掘、開發西餐精品顯得十分重要。

綜上所述，中西合璧、中菜西做、西菜中做、中菜西吃、西菜中吃，各國食品大融合勢成必然。各國飲食文化必將跨出國界、洲界而走向世界。儘管餐飲文化的融合是大趨勢，但這種融合並不會導致各自個性完全喪失，也不會將世界各國的飲食融合成一種無個性的全球統一的「大鍋飯」。因爲，飲食文化的根深深地植於各民族的土壤之中，這種吸引與融合只是局部的，有取捨的。當外在的演變開始侵蝕深層的文化價值觀，並衝擊到核心時，顧客就會回過頭來強調自己的特色，產生文化反彈。

從西餐看文化

西餐菜餚不僅品種繁多，而且有著不同的特色。但總括來說，西餐在食材與烹調製作上有著不同的特點。

一、選料精細嚴格

西餐菜餚在原料的選擇上比較精細，常用的原料是牛肉、豬肉、羊肉和雞肉，還有魚類等海鮮產品。西餐選擇食材精而窄，從品質到規格都有嚴格的要求，如做牛排，要求選用牛里肌，這是牛身上極細、數量很少的一段，並且將里肌又分為不同的部位，根據其部位的特點又可具體分為西冷（沙朗）、肉眼（肋眼）和骨型（丁骨）牛排。羊肉要用小的乳羊肉，家禽多選用閹雞和嫩雞，以保持肉質的鮮嫩。

二、調料品種多樣

西餐菜餚在烹調製作過程中，使用的調料是多樣化的，烹製一種菜餚往往要使用幾種到十多種調味料。菜與汁分開單獨製作，什麼樣的菜餚使用什麼樣的調味料，規定十分嚴格，如羊排搭配薄荷汁，炸魚搭配番茄醬汁，特別是英式菜講究清淡，很多調味品擺在餐桌上供食客按口味自行選擇。西餐在菜餚製作上多使用乳製品，如鮮奶油、黃油、乳酪等，使菜餚具有香味濃烈的特點。

西餐菜餚常用酒作爲調料，而且講究根據不同的菜餚，加上不同品種的酒，如紅葡萄、白葡萄酒、白蘭地酒和蘭姆酒都可以入菜，以達到菜餚所需要的獨特味道。

三、獨特的烹調方法

西餐菜餚製作在烹調方法的使用上，雖然煎、炒、蒸、煮都有，但是更常使用烤、烘、鐵板煎等方法，並且講究小量操作，工藝細膩，習慣於單份烹製，這樣烹製的菜餚可保持質地鮮嫩，色彩誘人。

西餐烹調的另一個特點是講究菜餚的成熟度，特別是注重牛、羊肉菜餚的老嫩程度，成熟度一般可分爲全熟、八成熟、七成熟、半成熟、三成熟、一成熟等。在烹製此類菜餚時，服務生要先問清楚顧客的具體要求，通知廚師按顧客的口味要求去烹製。

再來一個特色是講究調味醬汁與主菜分別單獨製作。在原料的加工上，西餐採用大塊食材做菜是常見的，如烤牛肉和烤火雞等。由於許多西餐菜色講究大塊製作，不易入味，所以菜餚在成熟後澆上各種調味醬汁，以增強菜餚的味道。廚房中專門有廚師負責製作調味醬汁，不同的菜餚有專門的調味汁相配，很講究、很有規律。

四、營養成分講究

西餐菜餚除了要求外觀誘人之外，在營養成分方面也有一定的規格標準。西餐乳製品用量大，其他動物性食品所占的比例也很大，同時也注意各式新鮮蔬菜的使用。菜餚的搭配從肉類到蔬菜種類齊全，以滿足人體所需的各種營養成分的供應。在烹、製加工過程中，根據不同的食材，採取不同的烹調方法，儘量保持其營養成分。操作衛生要求非常嚴格，生與熟，粗加工與烹調製作，冷菜間、餅房及廚房的佈置等，都注意符合衛生要求。在進餐順序的安排上，西餐一般都要先喝湯，這有利於胃液的分泌，增進食慾。

五、西餐在餐飲形式上同樣講究

1. **西餐餐具主要是刀、叉**

西餐講究吃什麼樣的菜使用什麼樣的餐具，吃西餐時左手持叉子，右手拿刀，把菜餚一塊塊地切開，然後用叉叉住送入口中。

2. **西餐講究分食**

西餐的分食在衛生上符合要求，但不能顯示整體菜餚的外形美，每人一份似乎也不太經濟，因爲各人的胃口大小不一樣。

3. **西餐在用餐的順序安排上與中餐不同**

以舉辦宴會爲例，中餐宴會顯得十分豐富。而西餐則每樣只有一種，一道冷盤（開胃菜），一道湯，一道沙拉，一至二道熱菜（主菜）。從營養供應角度看，西餐是比較符合人體所需的。

4. **西餐講究以菜配酒**

佐餐酒只限使用各種顏色和各種口味的葡萄酒，一般祝賀乾杯時，中餐用白酒，西餐用香檳酒。西餐還專有用於餐前和餐後飲用的各式酒品。

5. 西餐較注重用餐環境的幽靜雅致

在用餐氣氛上，食客在進餐時都要輕聲細語。西餐宴會的禮儀要求中，專門有一條是在吃完甜食後方可吸菸。

6. 女士優先

在服務的前後順序上，西餐不論是宴會還是吃便飯，服務生總是從女賓客開始服務，處處表現「女士第一」的觀念。從座次安排上，中式服務講究主人和主要來賓，而西餐服務則講究女主人和男主人。

西餐廚房的設計佈局

西餐廚房的設計和佈局，是根據經營者的導向和資金的投入，而對廚房的生產系統和各環節的實施進行整體規劃。

西餐廚房的設計和佈局，包括廚房建築和室內環境的整體設計，以及廚房各功能區域的面積分配、位置定位、餐廚設備的配置和安裝。西餐廚房的設計和佈

局，具有很強的專業技術性，其設計水準直接影響西餐廳出餐和服務的品質與效率。隨著西餐廳的不斷成熟壯大，競爭日益激烈，全新的西餐經營模式也隨之湧現，餐廚設備的更新和現代化程度也越來越高。因此，西餐廳必須根據市場結構的調整和經營發展的方向，健全和發展廚房設計和佈局的體系，爲餐點水準不斷升級，同時爲開拓市場奠定基礎。

西餐廚房的設計和設備配置與中餐廚房有較大差異。目前，大部分西餐廚房主要承擔西餐廳餐點的烹煮任務，西餐製作熱菜還有一類很有影響的廚房，叫西餐扒房。所謂扒房，主要是因爲廚師多在用餐客人面前現場製作，其菜餚無論是魚類還是牛排、牛柳等，多用排類烹調方法製作，故得扒房之名。扒房使西餐頗具情調。

用餐環境十分高雅的餐廳，實則是廚房和餐廳合二爲一。扒房的設計，重在扒爐位置，要既便於食客觀賞，又不破壞西餐廳的整體格局。扒爐上方多裝有抽油煙裝置，以免煎排類菜餚時產生大量的油煙污染、破壞西餐廳的環境。

西餐廚房的設計和佈局，必須確立以下中心內容：一是廚房的類型，在餐飲經營者中的市場定位；二是廚房的規模、經費使用、空間格局和餐飲的特色；三是廚房各區域的工作流程；四是廚房設備的種類、數量、規格和型號的配置狀況；五是廚房工作人員的素質和專業烹調能力；六是廚房能源；七是廚房設計和佈局所涉及有關環保、衛生防疫和消防安全的政策。

一、西餐廚房佈局的五個基本原則

西餐廚房的烹煮工作是西餐經營的主體，也是西餐銷售服務的基礎。高水準的烹調方式，既反映了店家的等級，也可呈現西餐的特色。西餐廚房的科學佈局必須遵循西餐廳經營場所設計的整體基本原則，將廚房和餐廳、外場和內場作爲一個統一的整體規劃設計和佈局。

不同菜餚的製作由不同部門來承擔，做到明確分工，使整個菜餚烹調工藝既不間斷也不重疊。西餐烹調廚房的設計與設備配備和中餐烹調廚房有較大差異，因爲西餐廚房更兼顧西菜中做和中菜西做，因而要佈置適當的中式烹調設備，滿足不同功能的烹煮需要。而西餐扒房的廚房，則設計在餐廳內，在用餐食客面前現場製作。

具體來說，西餐廚房佈局有以下五方面的基本原則：

第一，西餐廚房出菜應標準化，同時盡可能使烹煮時間縮短，保證西餐廚房處理食材、烹煮、出菜流程的連續暢通。

第二，西餐廚房應儘量安排在同一樓層平面，並力求與烹煮場所靠近或相鄰，呈現輻射狀佈局。

第三，廚房工作區域、作業模式應緊湊安排，主食烹煮區、副餐烹煮區、餐具洗滌區應平行，不可交叉或重疊，以滿足西餐廳高效率的一貫作業和省時，並減少人力消耗的需求；設備盡可能套用、兼用，並集中能源的設備。

第四，廚房設備的配置安裝必須合理，便於清潔、維修和保養。其佈局必須符合西餐廳整體衛生、消防和安全的標準，並便於監控。餐飲原料入口、垃圾廢棄物出口、餐飲成品出口、餐後用具入口應分開設立不同的通道。

第五，廚房工作環境的設計，必須體現「以人爲本」的思想，優良的工作環境能夠充分調動廣大員工的工作積極性和形成友善高效的溝通管道。廚房的設計和佈局，必須留有發展的餘地。

二、西餐廚房佈局的整體規劃的兩個要點

西餐廚房的整體規劃設計，是指根據經營類型和廚房生產規模的需要，充分考慮現有可利用的條件，因地制宜，並對廚房的種類、數量、面積、位置，廚房和餐廳的連結，廚房的工作環境，進行確定和設計，同時提出廚房各功能區域的設計和佈局方案。

1.西餐廚房面積的確定

西餐廚房面積由餐廳種類、功能、使用設備等因素決定。廚房面積過小將造成擁擠，缺乏必要的物資貯存位置及生產場地；而廚房面積過大，既加長了出菜作業，更佔用了寶貴的營業場地。

西餐廚房的生產使用面積，是指西餐食材處理、加工、燒烤、蒸煮、烹製、冷菜、麵點等操作和製作所佔用的有效範圍，受食材的加工標準等因素制約。西餐廳的餐點，若因爲設立了加工區，即絕大部分菜餚所需的食材經過了第一部的加工或熟處理，因此廚房可以烹製菜餚爲主，所以面積就可相對小一些；西餐生產環節和製作簡繁程度，決定了廚房設備配置的種類、數量，其對廚房面積的確定和分配也有著各不相同的要求。

除了廚房生產所需的面積外，大一點的西餐廳，廚房的全部面積還應包括食材採購入口、驗收場地、貯存倉庫、冷凍庫、垃圾處理場所、廚師辦公室、員工設施等輔助設施的面積。廚房面積大小的確定，關係到廚房的工作效率和餐飲的品質，因此，必須按照一定的比例，並結合餐飲經營自身的特點和發展需要來確定廚房的面積。

從西餐經營的整體格局來看，廚房由於菜餚加工烹製的手法簡單快捷，加工廚房設備的機械化程度高，所以廚房的面積一般佔餐廳面積的四十%至六十%，餐廳面積在五百平方公尺以內時，廚房的面積大約是餐廳面積的四十%

至五十%；而餐廳面積增大時，廚房面積佔餐廳面積的百分比將逐漸下降。

西餐廚房面積在西餐廳經營場所總面積中應有一個適當合理的比例，並兼顧其他設施、區域的面積分配。其中餐廳佔五十%、客用設施佔七·五%、廚房佔二十一%、清洗佔七·五%、倉庫佔八%、員工設施佔四%、辦公室佔二%。

西餐廚房總面積確定後，還必須進一步將總面積按照一定的比例進行分配，確定廚房各操作區域的面積大小，即根據各操作區域的烹煮流程、承擔工作量和設備配置來確定。其中，加工區佔二十三%；烹調區佔四十二%；冷菜、燒烤製作區佔十%；冷菜出菜區佔八%；廚師辦公室佔二%；其他佔十五%。

上述西餐廚房面積確定的方法，是一般常規方法，有一定的指導作用。隨著西餐業的不斷發展，迫使各家西餐廳必須不斷拓展經營空間，擴大餐廳面積，儘量縮小廚房面積，才能達到降低成本，獲取更多利潤的目的。隨著食品加工業的興起，貨源充足，食材配送及時、便捷，西餐廚房的分工合作愈加細緻緊密，西餐的廚房設施已日趨小型功能化、透明化，爲西餐經營創造了更大的盈利空間。

2. 西餐廚房位置的確定

在西餐廚房設計中，必須首先確定廚房的位置。廚房工作具有兼顧多功能的綜合性特點，各功能區域、製作和佈局要集中緊湊，因爲廚房位置與餐廳關係密切，都共同處於西餐經營場所的範圍內。

西餐廳種類繁多，經營風格迥異，因而廚房的種類和功能也隨之細分並各司其職，而廚房的位置，要呈集中和分散相結合的狀態；廚房與廚房之間，合作緊密。另外，廚房地點以接近主餐廳爲主，一般廚房與餐廳最遠座位的距離行走不要超過一分鐘。廚房應盡可能與消費場所保持在同位置，餐廳設施要整體規劃，便於控制管理，整體與局部互相協調。

一些酒店頂樓設有觀光西餐廳、旋轉西餐廳，或在行政大樓附設有西餐廳時，爲了保證餐飲品質，往往在酒店的高樓層設有專門的廚房，這類廚房通常只做烹調之用，食材的大量加工作需要在其他樓層或外頭的加工廚房完成。設在高層的廚房，透過方便的專用運輸電梯與其他廚房形成工作上的聯繫。而高樓層廚房的設計，必須盡可能地減少污染，宜選用電熱作爲能源。

西餐廳的情調

一、情調的認識

過去，中國許多沿海大城市的不少西餐廳只在晚上才經營西餐，而在中午大多經營中餐。現在，多數西餐廳都已名副其實，只經營西餐，而經營時段的針對性也越來越強。例如，中午推出針對一般薪水階層的商業套餐；下午推出針對商務人士的商務套餐，晚上才是正餐。在食物的製作和用料上也非常考究，不少廚師來自國外，食材透過空運。當然，經營者們也不會完全不考慮中國人的傳統飲食習慣，還是會保留一些中式口味。

現在，許多沿海大城市幾乎所有的西餐廳都在致力於營造一種特殊的飲食環境。而在經營理念方面，一個變化也正在悄然發生：過去西餐廳經營者們普遍認爲純正西餐不適合中國人食用，必須經過中式改良，但現在一些西餐廳的經營者卻把西餐越做越純正；過去，餐廳就是餐廳，酒吧就是酒吧，而現在卻儼然一體。

在深圳，有不少的酒吧開始注重文化氛圍。雨花歐陸西餐吧的經營者在文化環境的營造方面可謂費煞苦心。在建築風格上，略懂建築的顧客一看，便知是歐洲典型巴羅克風格、店面裝飾緊緊圍繞主題。一進大門，首先映入眼簾的便是一艘歐洲古帆模型，兩邊的飾物櫃上則擺滿了各式帶有歐洲古典文化色彩的古董，如早期的熨斗、風扇、座鐘等。椅子是清一色的歐式古典乳白色寬椅，吸頂燈也是特地訂做的彩色歐式吊燈。每當夜幕降臨，店裡的燈光也轉向昏弱，優美的薩克斯管則會悠然響起，帶領顧客進入怡然的境界。

如今，餐廳與酒吧已經沒有完全意義上的區別，晚上九點以後，一些西餐廳都會搖身一變，成爲一種會所性質的酒吧。顧客在這裡不僅是喝喝咖啡、飲飲啤酒，隨意聊天而已，吸引他們的還有西餐廳的文化消費。食客到這裡來的目的已經不再是爲了吃，是爲了能在喧鬧中消費一種寧靜。有些西餐廳還不惜重金請來樂隊，輕歌曼舞，全力營造浪漫的氛圍。

以下，我們就以多個實例來說明西餐廳是如何引導食客「吃環境」和「吃情調」的。

二、情調的六種設計方案

西餐廳大都以經營法、義、德、美、俄式菜系爲主，同時兼收並蓄，博採衆長。西餐廳的設計日益與國際准接軌，並賦予了市場全新的異域文化風情，如今無論是在旅遊涉外星級酒店，還是在競爭激烈的餐飲市場，風格迥異。標榜個性的西餐廳已成爲一道亮麗的風景。

1. 扒房

扒房是歐陸豪華餐廳的典型，法式大餐，葡萄佳釀，熠熠生輝。廣州中國大酒店的扒房，就是這種類型。

2. 義大利西餐廳

義大利餐廳是西餐廳中的新貴，洋溢著地中海的浪漫和文藝復興時期的輝煌，菜色融合了東西飲食的精華。廣州的「格子廊」、「麗廊」和「紐蘭比薩」，都屬於義式餐廳的類型。

3. 德式西餐廳

德式西餐廳呈現慕尼克啤酒作坊風情，道地的巴伐利亞菜式，更有熱鬧的啤酒節帳篷和鄉村歌舞。在上海，德萊茵就是德式西餐廳的代表。

4. **美式西餐廳**

美式西餐廳有多元文化的空間，典型風情如德州遊牧風情、田納西州鄉村風情、紐約大都市風情、夏威夷海韻風情等，傳統的排類、燒烤類和炸類菜餚，頗迎合現代人的生活品位。上海華笙西餐廳和廣州百利街美式餐廳酒廊都屬於美式西餐廳的類型。

5. **俄式西餐廳**

俄式西餐廳具有古典式俄羅斯建築設計風格，氣勢恢宏如宮殿，又富含柔美。魚子醬爲俄式餐廳獨一無二的珍饈，俄式服務又稱國際式服務。北京展覽館旁的「莫斯科餐廳」是顧客追憶俄羅斯往昔之場所。

6. **南美風情西餐廳**

南美風情餐廳有著火辣辣的風情，不僅僅體現在南美傳統的菜餚和燒烤上，更展現在森巴舞等的火辣狂歡風情上。

西餐廳的服務

一、西餐服務各有精彩

西餐服務經過多年的發展，各國和各地區都形成了有自己的特色。西餐服務常採用的方法有法式服務、俄式服務、美式服務、英式服務和綜合服務等。

1. 法式服務最豪華

(1) 法式服務的特點

傳統的法式服務在西餐服務中是最豪華、最細緻和最周到的服務。法國餐廳裝飾豪華和高雅，以歐洲宮殿式爲特色，餐具常採用高檔的瓷器和銀器，酒具常採用水晶杯。通常採用手推車或在旁桌現場爲食客做加熱和調製菜餚及切割菜餚等服務。

在法式服務中，服務台的準備工作很重要。通常在營業前做好服務台的一切準備工作。例如，做好清潔，準備好餐具和服務用具，將所有的物品放在容易拿得到的地方。在法國餐廳，服務生必須受過專業的教育和培訓，能勝任法式服務的服務生需要至少三年以上的時間學習並經過考核後，才能成爲助理服務生。助理服務生經過與正服務生和副服務生一起工作一年後，才能成爲正式服務生。法式服務注重服務程式和禮節禮貌，注重服務表演，注重吸引顧客的注意力，服務周到，每位顧客都能得到充分的照顧。但是法式服務節奏緩慢，需要較多的人力，用餐費用高，餐廳空間利用率和餐位周轉率都比較低。目前，許多法國餐廳已經簡化了服務方法。

(2) 法式服務的方法

A、擺台服務

法式服務的餐桌上先鋪上海綿桌墊，再鋪上桌布，這樣可以防止桌布與餐桌間的滑動，也可以減少餐具與餐桌的碰撞聲。擺裝飾盤時，要將裝飾盤的中線對準餐椅的中線，裝飾盤距離餐桌邊緣一～二公分。裝飾盤的上面放餐巾，裝飾盤的左邊放餐叉，餐叉的左邊放麵包盤，麵包盤上放奶油刀。裝飾盤的右邊放餐刀，刀刃朝向左方。餐刀的右邊常放一個湯匙，餐刀的上方放各種酒杯和水杯。裝飾盤的上方擺食用甜品的刀和匙。

B、合作服務

傳統的法式服務是一種最周到的服務方式，由兩名服務生共同爲一桌食客服務。其中一名爲經驗豐富的正服務生，另一名是助理服務生，也可稱爲服務生助手。由服務生請顧客入座，接受顧客點菜，爲生客斟酒上飲料，在顧客面前烹製菜餚，爲菜餚調味，分割菜餚，裝盤，遞送帳單等。服務生助手將服務生開出的菜單送入廚房，將手推車推到顧客餐桌旁，幫助服務生現場烹調，並把裝好菜餚的餐盤送到食客面前，餐後撤餐具和收拾餐台等。在法式服務中，服務生在顧客面前分菜由也其助手用右手以顧客右側送上每一道菜。通常，麵包、奶油和配菜從食客左側送上，因爲它們不屬於一道單獨的菜餚。從顧客右側用右手斟酒或上飲料，從食客右側撤出空盤。

C、上湯服務

當顧客點湯後，助理服務生將湯以銀盆端進餐廳，然後把湯置於熱調爐上加熱和調味，製作的湯一定要比顧客需要量多些，方便服務。當助理服務生把熱湯端給顧客時，應將湯盤置於墊盤的上方，並使用一條折成正方形的餐巾，這條餐巾能使服務生端盤時不燙手，同時可以避免服務生把大拇指壓在墊盤的上面，由服務生從銀盤用大湯匙將湯裝入顧客的湯盤後，再由助理服務生用右手從食客右側服務。

D、主菜服務

主菜的服務與湯的服務大致相同，正服務生將現場烹調的菜餚，分別盛入每一位客人的主菜盤內，然後由助理服務生端給客人。如服務員爲客人上牛排時，助理服務生從廚房端出烹調半熟的牛肉、馬鈴薯及蔬菜等，由服務生在食客面前調配佐料，把牛肉再加熱烹調，然後切肉並將菜餚放在餐盤中。服務生這時應注意客人的表示，看其要多大的牛排。應該配上沙拉，服務生應當用左手從客人左側將沙拉放在餐桌上。

E、洗手服務

當上龍蝦或其他用手拿取的菜餚時，服務人員應當同時上洗手盅。洗手盅通常是銀質或玻璃的小碗，放在銀質的墊盤上。洗手盅內放三分之二的水，水內放一小片檸檬或一個花瓣，花瓣的作用除美觀外還可除去食物的腥味，同時將洗手盅放在客人的右側，方便客人洗手。

2. 俄式服務最文雅

(1) 俄式服務的特點

俄式服務是西餐普遍採用的一種服務方法。俄式服務的餐桌擺台與法式的擺台幾乎相同，但是，它的服務方法不同於法式。俄式服務講究優美文雅的風度，將裝有整齊和美觀菜餚的大淺盤端給所有的客人過目，讓食客欣賞廚師的裝飾和手藝，並且也刺激了客人的食慾。

俄式服務，每一張餐桌只需要一個服務生，服務的方式簡單快速，服務時不需要較大的空間。因此，它的效率和餐廳空間的利用率都比較高。由於俄式服務使用了大量的銀器，並且服務員將菜餚分給每一個客人，使每一位客人都能得到尊重和較周到的服務，因此增添了餐廳的氣氛。由於俄式服務是在大淺盤裡分菜，因此，可以把剩下的、沒分完的菜餚送回廚房，從而減少不必要的浪費。俄式服務的銀器投資很大，如果使用和保管不當會影響餐廳的經濟效益。

在俄式服務中，最大的問題是最後分到菜餚的食客，看到大銀盤中的菜餚所剩無幾，總有一些影響食慾的感覺。此外，由於單點餐廳的客人常點不同種類的菜餚，因此，無法將這些菜餚裝在一個大銀盤中一起上，所以俄式服務主要用於西餐宴會服務，不適用於單點餐廳。

(2) 俄式服務方法

A、分發餐盤

服務生先用右手從客人右側送上相對的空盤、開胃菜盤、主菜盤、甜菜盤等。注意冷菜上冷盤，即未加熱的餐盤；熱菜上熱盤，即加過溫的餐盤，以保持食物的溫度。上空盤依照順時針方向操作。

B、運送菜餚

菜餚在廚房全部烹煮熟，每桌的每一道菜餚放在一個大淺盤中，然後服務員在廚房中將裝好菜餚的大銀盤用肩上托的方法送到客人餐桌旁，熱菜蓋上蓋子。服務員站立於食客桌旁。

C、分發菜餚

服務生用左手以胸前托盤的方法，用右手操作服務叉和服務匙從人客的左側分菜。分菜時以逆時針方向進行。斟灑、斟飲料和撤盤都在食客的右側。

3. 美式服務最簡單

(1) 美式服務的特點

美式服務是簡單和快捷的餐飲服務方式，一名服務生可以看數張餐台。美式服務簡單，速度快，餐具和人工成本都比較低，空間利用率及餐位周轉率都比較高。美式服務是西餐單點和西餐宴會理想的服務方式，廣泛用於咖啡廳和西餐宴會廳。

美式服務的餐桌上先鋪上海綿桌墊，再鋪上桌布，這樣可以防止桌布與餐桌間的滑動，也可以減少餐具與餐桌之間的碰撞聲。桌布的四周至少要垂下三十公分。但是，桌布不能太長，否則，影響食客入席。有些餐廳在桌布上再鋪上較小的方形臺布，這樣，重新擺台時，只要更換小型的臺布就可以了，可以減少大桌布的洗滌次數。同時，也有裝飾餐台的作用。通常，每兩個客人使用糖盅、鹽盅和胡椒瓶各一個。

將疊好的餐巾擺在餐桌上，它的中線對準餐椅的中線，餐巾的底部離餐桌的邊緣一公分。兩把餐叉擺在餐巾的左側，叉尖朝上，叉柄的底部與餐巾對齊，餐巾的右側，從餐巾向外，依次擺放餐刀、奶油刀、兩把湯匙。刀刃向左，刀尖向上，刀柄的底部朝下，與餐巾平行。麵包盤放在餐叉的上方。水杯和酒杯放在餐刀的上方，距刀尖一公分，杯口朝下，待食客到餐桌時，將水杯翻過來，斟倒冰水。

(2) 美式服務的方法

在美式服務中，菜餚由廚師在廚房中烹煮好，裝好盤。服務員用托盤將菜餚從廚房運送到餐廳的服務桌上。熱菜要蓋上蓋子，並且在食客面前打開盤蓋。傳統的美式服務，上菜時服務員在食客左側，用左手從客人左邊送上菜餚，從客人右側撤掉用過的餐盤和餐具，從食客的右側斟倒酒水。目前，許多餐廳的美式上菜服務從客人的右邊，用右手，順時針進行。

4. **英式服務最溫馨**

英式服務又稱家庭式服務，其服務方法是服務生從廚房將烹製好的菜餚傳送到盤，並配上蔬菜，服務生把裝盤菜餚依次端送給每一位食客。調味品、沙司和配菜都擺放在餐桌上，由客人自取盤相互傳遞。英式服務家庭氣氛很濃，許多服務工作由客人自己動手，用餐的節奏較緩慢。在美國，家庭式餐廳很流行，這種家庭式的餐廳採用英式服務。

5. **綜合服務最融洽**

綜合服務是一種融合了法式服務、俄式服務和美式服務的綜合服務方式。許多西餐宴會的服務採用這種服務方式。通常用美式服務上開胃品和沙拉；用俄式或法式服務上湯或主菜；用法式服務或俄式服務上甜品。不同的西餐廳或不同的餐次選用的服務方式組合也不同，這與餐廳的種類和特色、客人的消費水準、消費方式有著密切的聯繫。

6. **自助式最流行**

自助式是把事先準備好的菜餚擺在餐臺上，食客進入西餐廳後支付一餐的費用，便可自己動手選擇符合自己口味的菜餚，然後拿到餐桌上用餐。這種用餐方式稱爲自助餐。餐廳服務生的工作主要是餐前佈置，用餐中撤掉用過的餐具和酒杯，補充餐臺上的菜餚等。

二、西餐廳服務管理

1. 餐前準備工作管理

(1) 整理餐廳，以使桌椅整齊、穩固。按照餐廳的標準和設計擺台。

(2) 準備好乾淨的調酒器、咖啡爐具以及各種水杯、酒杯、餐具及調味品。

(3) 準備好各種酒水、飲料、冰水。

(4) 檢查並保證咖啡機、音響、照明等設施運轉正常。

(5) 熟悉當天菜餚的種類和數量。

2. 早餐擺台管理

(1) 鋪好桌布，將餐椅圍著餐桌擺好，椅子的前沿剛好與桌布的下垂面接觸，擺在同一邊的椅子成一線，與桌邊平衡，椅子間的距離均勻。

(2) 將餐巾折成餐巾花，擺在席位中，餐巾花間的距離相等。

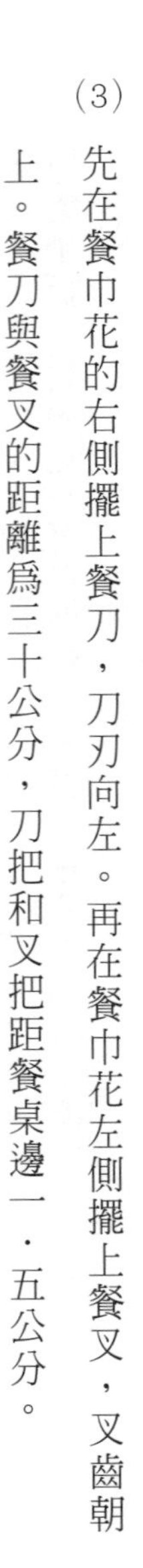

（3）先在餐巾花的右側擺上餐刀，刀刃向左。再在餐巾花左側擺上餐叉，叉齒朝上。餐刀與餐叉的距離爲三十公分，刀把和叉把距餐桌邊一．五公分。

（4）將咖啡杯墊上墊碟，整套咖啡具擺在餐刀右上方，距離桌邊四公分。

（5）將花瓶、桌號牌、糖盅、胡椒瓶等集中擺於餐桌的中心位置上。

3．午餐與晚餐擺台的管理

（1）鋪好桌布。

（2）擺好餐椅（與早餐相同）。

（3）將裝飾盤擺在每個席位正中央，即餐盤中心線對準餐椅的中心線，距桌邊一至一．五公分，盤與盤之間的距離相等。

（4）在裝飾盤的右側從左到右依次擺放餐刀、餐叉、湯匙，刀刃向左，刀把和湯匙把距餐桌一至一．五公分；在裝飾盤的左側從右向左依次擺放餐叉、沙拉叉，叉口向上，叉柄距餐桌邊一至一．五公分。在裝飾盤的左側從右向左擺放餐叉和沙拉叉。

（5）將麵包盤擺在沙拉叉左側，與桌邊線間距爲四公分；奶油刀擺在麵包盤上的右側三分之一的位置上。

(6) 水杯擺在餐刀正前方，相距兩公分。

(7) 將餐巾花擺在裝飾盤的正中。

(8) 將花瓶、桌號牌、胡椒瓶、鹽瓶等集中擺於餐桌的中心位置上。

4. 午餐和晚餐服務管理

(1) 當客人進入餐廳時，服務生要面帶笑容，與客人打招呼、問好，並要詢問客人人數。待客人告知服務生人數後，服務生應在食客前方領客人入座，並要按客人的要求帶他們到所喜歡的座位上。

(2) 服務生要隨時留意自己的服務區域是否有客人光臨，並作出快速反應，當服務生將客人帶到某一區域時，該服務區的服務生要立刻上前，拉椅子讓座、打開餐巾，在服務生遞菜單給客人時，服務生可以先詢問客人是否需要些飲料，並準備好點菜單，準備點菜。

(3) 點菜應先女士，後男士；先年老，後年輕；先客人，後主人，按順時針方向進行。注意在點菜時，要積極推銷，耐心介紹，腰要微彎，表示對客人的尊敬。點菜後，要向食客復述一遍，避免錯漏，有特殊需求的還可將其所點的菜餚輸入電腦。

(4) 要根據客人所點菜餚進行擺位，擺位時要檢查餐具是否完整、乾淨，並按規定擺放在適當的位置上。

(5) 服務生和送菜生在上菜時應注意工作效率，如廚房的菜餚未完全準備好時，可先到餐廳幫忙或將髒的餐具拿進廚房等。

(6) 上菜順序是：麵包、開胃菜、湯、沙拉、主菜、甜菜和咖啡或茶。

(7) 上菜應從客人右邊進行，上菜前應先檢查桌面是否擺好餐具和配料或調味料是否已準備好。

(8) 客人用完餐後服務生可上前撤盤，並在撤盤過程中，向客人介紹甜品、咖啡或茶。

(9) 客人用完甜品後，便可為客人準備帳單。結帳時，服務生應檢查帳單的桌號

和金額是否準確，然後用帳單夾呈上帳單。在送單、收錢時應說「謝謝」。如果客人付現款，餘款和單據應放在單夾上送到客人面前，客人的簽單和信用卡，服務生要檢查單上的名字是否清楚並核對客人的優惠卡。

(10) 客人結帳後離座時，服務生應上前協助拉椅子，提醒食客攜帶隨身物品，並多謝客人光臨。

第六章
藥局

經營機會分類

一、環境機會和企業機會

企業經營的外部環境涉及諸多方面，也處於不斷變化之中，而每一個方面或某一個方面的變化都可能誘發一種市場需求或某種需求變化，也就是存在著相對的市場機會。這些市場機會是環境變化客觀形成的，我們稱之爲環境機會。例如城市的高齡化現象的出現，引發老年健康藥品需求；呼聲日高的禁菸活動，引發對戒菸藥品的需求；工業污染引發各種疾病導致相關治療藥需求的產生；中國的少子優生政策引發對兒童營養食品的特別關注等等。這些都是環境機會。

但是，環境機會並不一定都是企業（或公司）的經營機會，因爲這些環境機會不一定符合企業的經營方向、目標和能力，不一定是企業的經營範圍和能力所能利用得了的。只有環境機會中那些符合企業的目標和能力，有利於發揮企業的資源的合理配置的市場機會，才是企業機會。

因此，在企業經營環境變化中，那些關係到企業生存因素裡可能存在的環境機會，有些是企業機會，有些不是，甚至是風險。比如，中國一旦加入世界貿易組織，對棉紡織企業、中藥材出口企業、農產品出口企業等應是企業的經營機會。但對於汽車生產企業、電子產業、家電企業、藥品生產企業則未必就是可即期利用的市場機會，反之，在一定時限內可能是經營的風險。

東南亞金融危機的暴發，中國承諾人民幣不貶值，對外經貿企業而言，進口業務是機會，出口業務則是風險。那些對企業無影響或無重大影響的因素中，雖然存在著環境機會，但不是企業機會。如中國人進入二十世紀九○年代以來，對通訊需求的急劇膨脹基本與醫藥企業無關，醫藥企業無法利用這一環境機會。從企業的角度而言，就是要從環境機會中進行分別選擇，挑選出合適的企業機會加以評估，作出適當的決策，為企業獲得利益。

二、潛在的市場機會和表面的市場機會

在市場機會中，有的是明顯地沒有被滿足的市場需求，這種未被滿足的需求，我們就稱之為表面的市場機會；而另外一種則是掩藏在現有某種需求背後的未被開發的市場需求，我們稱之為潛在商場機會。

比如，嬰幼兒營養食品的需求隨著城市獨生子女的增加，需求明顯，這是表

面的市場機會。爲此，國外的雀巢公司、亨氏公司，中國浙江杭州未來食品公司、江西南昌的糧油進出口公司等相繼推出了雀巢米粉、亨氏米粉、未來米粉、長青米粉等不同品牌的米粉，滿足了嬰幼兒斷奶食品的需求。但是杭州市新崛起的貝因美公司，不僅推出了貝因美米粉系列、奶粉系列、碘營養口服液，而且推出了這些食品的餵食器具系列和正確餵食方法叢書，滿足了隱藏在嬰幼兒食品需求背後的父母，對嬰幼兒餵食器具和餵食方法指導書刊這一潛在的市場需求，即獲得和利用了潛在的市場機會。同時，因其品牌形象良好，行銷系統優質等配套條件而一舉在短時間內搶佔浙、滬、蘇市場並向全國有效滲透。

就表面市場機會而言，企業容易尋找，識別難度係數較小，企業把握方便，這是它的優點。但正因爲其容易尋找、識別、把握，會引來衆多企業抓住這一市場機會，導致競爭加劇，各自的市場份額不高，產品開發、發展期縮短，快速進入高潮期，產生相對容量飽和甚至過剩，企業獲得能力差，從而使這一機會不能爲企業創造機會效益（即企業先於其他企業進入市場所獲得的競爭優勢和所帶來的超額利潤），機會也就容易喪失時效。甚至於因惡性價格競爭和易於仿冒，而使企業無利可圖或虧本經營。

潛在市場機會對企業來說不易尋找和挖掘利用，這是其不足。但正因為難度大，不易識別，所以企業如果抓住了這一機會，其競爭狀況就會相對緩和，機會效益就高。因此兩種市場機會長短互現，關鍵看企業如何適時適當地利用它們。

三、行業市場機會和邊緣市場機會

各個企業由於其擁有的技術、設備、員工素質、資金和經營條件不同，以及在整個市場體系中所扮演的角色不同，一般都有相對穩定的經營領域。那些經營領域內的市場機會才是企業的行業市場機會；而不同行業的交叉和結合部位出現的市場機會，稱之為邊緣市場機會。

一般來說，行業市場機會對企業而言容易識別和找尋，企業也可透過自身的資源配置來利用該機會，抓住發展點，創造經濟和社會效益。因此，絕大部分企業在尋找市場機會時往往是從尋找行業市場機會入手並以此為重點目標，但是因為行業市場機會集中了絕大部分的尋找企業和利用企業，容易誘發過度的競爭，從而推動或減弱機會效益。爲此，有些精英企業往往避開已成熟的行業市場機會而試圖在行業領域之外尋找市場機會。

可是，出現在本企業領域之外的市場機會，往往是別的企業的行業市場機會，它們在尋找和利用時可以駕輕就熟，而對外行企業而言，則掌握和利用的難度係數較大。因此，許多已成跨行業、跨系統經營的企業集團在考慮突出主業、重點進攻的宗旨下，不得不放棄不良資產和利用陌生行業外的機會，使企業集中人、財、物力，實現企業的集約經營。比如浙江省寧波市的雅戈爾集團從一九九四年起，陸陸續續減少了在房地產行業的投資，而集中投資西裝生產線、童裝生產線和襯衫，充分利用自己熟悉行業市場機會，終於使企業走出了一條快速有效發展的道路。

不過，我們也不能形而上學，固守行業框框，而不去尋找挖掘競爭相對較緩和的行業外市場機會。因爲，各個企業都比較注重於行業領域內的市場機會，在行業與行業之間往往會出現大家都較難識別的「夾縫地帶」，這一地帶往往處於眞空狀態，誰都忽視了這個區域有未被滿足的消費需求，如果仔細分析並加以做消費指導可能還會衍生出新的消費需求，產生新的市場機會，即邊緣市場機會。

邊緣市場機會一方面可以發揮企業的部分競爭優勢，另一方面，由於它比較隱蔽，難於被大多數企業發現，因此企業容易取得機會效益。但它難以識別，需要企業有豐富的想像力和大膽的創造力及開拓精神。比如，航太技術的發展，醫療技術的進步，可衍生出太空治療疾病的需求和可能，因爲太空無污染，手術方便，病人康復快。

品質管制

醫藥經營企業必須認眞貫徹執行中國的《藥品管理法》、《計量法》、《標準化法》、《商標法》和醫藥商品品質管制規範（GSP）等有關法律、法規及規範。在醫藥經營企業中對人員、設施與設備、計畫與採購、商品品質管制與檢驗、儲存與養護、銷售、運輸與售後服務等環節實行全面品質管制，加快企業技術進步，做好文明經商，保證醫藥商品品質。

一、人員

1. 醫藥經營企業的負責人應具有所經營商品的專業知識和現代科學管理知識，要有實踐經驗並對經營的商品品質負全面責任。
2. 品質管制機構的負責人應由有實踐經驗、堅持原則、具有醫藥相應專業技術職稱並能獨立解決經營過程中品質問題的人員擔任，負責對醫藥商品品質及其管理、檢驗業務進行判斷、指導、監督和裁決。
3. 醫藥經營企業中，從事品質管制、化驗、檢測、驗收、養護、計量等專職人員的數量應不低於企業職員總數的四%。
4. 醫藥經營企業中直接接觸藥品的品質管制、檢驗、驗收、養護、保管、分裝品質查詢及零售等工作人員，每年需進行一次健康檢查，體格檢查表和化驗單應存入健康檔案，保存五年。如發現有傳染病、隱性傳染病、皮膚病及精神病等患者，應及時調離現在崗位。

二、設施與設備

1. 醫藥經營企業的營業場所應明亮、整潔、無環境污染源，須具備必要的樣品櫃（櫥）。批發企業主要陳列新、特醫藥商品；零售企業則按用途（或劑型）分類陳列所經營的品種。

2. 醫藥經營企業必須具有與經營規模相當的倉庫條件，庫區內的場地應無雜草和積水，庫房具有良好整潔的環境，有專門的辦公區和生活區。爲了防止混亂、污染和差錯，還必須劃分以下專用場所：

(1) 入庫商品待驗區（庫）。
(2) 符合衛生安全等要求的檢查商品的場所。
(3) 適合不同商品分類保管的儲存庫和儲存特殊管理藥品的專用庫、危險品專用庫。
(4) 供發貨複核的備貨區（庫）。
(5) 不合格品和待處理品的保管場所（藥品和其他物品必須分開）。
(6) 分裝藥品（試劑）的場所，具有更衣、緩衝、準備、分裝、外包裝等房間。

(7) 裝箱發貨的工作區和包裝物料的儲存區。

3. 危險品應嚴格按照中國國務院《化學危險物品儲存管理暫行辦法》、《民用爆炸物品管理條例》的要求，根據危險品的性質分類，分別儲存於具備有專門設施的專用倉庫。

4. 醫藥商品倉庫應具備的設施：

(1) 檢測和調節溫度和濕度的設施。

(2) 通風和排水的設施。

(3) 保持商品與地面之間有一定距離的設施。

(4) 貨架防塵設施。

(5) 避光設施。

(6) 符合安全用電要求的照明設施。

(7) 防鼠、防蟲等設施。

三、計畫與採購

1. 堅持「按需進貨，擇優採購」的原則，在企業總體決策計畫指導下，注重商品採購的時效性與合理性，力求品種全、費用省、品質優，做到供應及時，結構合理。

2. 認真貫徹執行《經濟合同法》，簽訂商品購銷合約必須明確品質條款。簽訂醫藥商品工商購銷合約應明確的品質條款：

(1) 工廠應提供相對的產品品質標準。

(2) 產品出廠時應附質檢部門簽發的符合規定的產品合格證或化驗（檢測）報告。

(3) 產品除註明有效期和使用期外，一般產品應寫明工廠負責期。

(4) 商品包裝要符合承運部門及有關主管部門規定的要求。

(5) 藥品應由工廠提供衛生行政部門批准的產品批准文號影本；提供醫藥主管部門核發的在醫藥產品登記號或鑑定批准號影本。

(6) 實行生產、計量許可證管理的產品應提供有關單位核發的影本。

（7）產品出廠，一般不超過生產期三個月。簽訂醫藥商品購銷合約應明確以下品質條款：

第一，商品品質符合規定的品質標準和有關品質要求。

第二，有效期醫藥商品的發運按《醫藥商品購銷合同管理及調運責任劃分法》第十二條規定辦理。

第三，沒有效期的醫藥商品，品質責任的劃分按《醫藥商品購銷合同管理及調運責任劃分辦法》第十三條規定辦理。

第四，商品包裝牢固，標誌清楚，達到交通運輸部門貨物運輸規定的要求。簽訂醫藥商品進口合約應明確品質條款。

進口藥品、醫療器械、化學試劑等，訂貨合約應訂明品質標準，並根據需要由外方提供品質標準、檢驗方法、檢驗報告或必要的標準藥品。進口藥品的品質標準應採用現行版《中華人民共和國藥典》，衛生部藥品標準或國際上通用的藥典。上述藥典或標準未收載的應採用衛生部核發《進口藥品註冊證》核准的品質標準。

3. 採購醫藥商品必須遵循的原則：

(1) 必須是經醫藥、衛生、計量、化工、輕工等行政管理部門和工商行政部門批准的工廠所生產的產品。

(2) 具有法定的產品品質標準。

(3) 藥品必須有註冊商標、批准文號和生產批號。

(4) 凡實行生產許可證的企業產品和計量產品，必須取得相應的許可證。

(5) 醫療器械必須有鑑定批准號「樣機（樣品）鑑定批准號或投產鑑定批准號」或在產品登記號。

(6) 產品品質穩定、性能安全可靠，符合標準規定。

(7) 包裝和標誌必須符合儲運要求。

(8) 進口藥品應有口岸藥檢所檢驗報告。

(9) 採購商品應注意選擇具有法定資格（包括企業的許可證、合格證、營業執照等）並有履行合約能力的供貨單位。必要時，應對其產品和企業品質保證體系進行調查、評價，簽訂品質保證協定。

4. 麻醉藥品、醫療用毒性藥品及精神藥品按中國國務院《麻醉藥品管理辦法》、《醫療用毒性藥品管理辦法》、《精神藥品管理辦法》中的規定，由指定的供應應點經營。

5. 新產品的經營，應按衛生行政管理部門，醫藥管理部門或有關主管部門的規定進行。

6. 醫藥經營企業對首次經營品種的收購試銷，增加規格、改型、改變主要結構和原料、包裝材料、容器或包裝方式的產品經營及其發展新的產銷關係等業務，必須由業務部門徵求本企業的品質、物價、儲運等部門的意見，報經理同意後，方可收購，必要時應進行實地考察。對首次經營品種應確定試銷期。試銷結束時，由品質和業務部門分別對品質情況和市場情況做出評價，報經理審批同意後，試銷商品才可列入正式經營目錄，轉爲正式經營商品。

四、商品品質管制與檢驗

1. 企業應結合實際情況制定品質管制的必要制度

（1）業務經營管理制度

應貫徹執行基本法規；購銷物件選擇原則及法人資格審核基本要求；簽訂購銷合約品質條款內容；對商品入庫、付款、銷售及庫存結構的基本要求；對新產品首次經營、改型、增規及移廠產品的經營原則規定；業務經營有關品質記錄及所屬倉庫品質管制工作的要求。

（2）首次經營品種的品質審核制度

審核程序、手續及相關部門職責；試銷時限及有關試銷的品質管制工作規定；有關表格、記錄及檔案規定。

（3）商品的品質驗收、保管養護及出庫複核制度

品質驗收、驗收人員條件、驗收場地設施要求、特殊管理藥品的驗收、銷貨退回的驗收，驗收方式與內容；保管養護組織、人員的要求、商品的安全及分類儲存、溫度、濕度記錄和調控、庫存商品檢查、其他養護措施；出庫複核、按調

撥憑證及運輸標誌逐一核對到站、收貨單位、品名、規格、數量、批號等項目，按先產先出，近期先出的原則發貨。

(4) **特殊管理藥品和貴重藥品的管理制度**

嚴格按「特殊藥品管理辦法」購進的供應原則；專庫（櫃）、專帳、專人、專章及雙人雙鎖、雙人驗收、雙人複核的基本管理要求；危險品管理的原則與要求；貴重品種的範圍及管理規定。

(5) **效期商品管理制度**

按《醫藥商品購銷合同管理及調運責任劃分辦法》購進，調入與發運的規定；倉庫有效期商品堆垛、標誌等管理；有效期商品的開單與催調；使用期商品的管理。

(6) **不合格商品管理制度**

不合格商品的確認、記錄；入庫驗出不合格商品的存放、標誌、查詢與拒付；在庫檢出不合格商品的停銷、標誌、存放與查詢處理；不合格品的報損、處理與銷毀。

(7) **退貨商品品質管制制度**

售後退回商品的收貨、記錄、核查、檢驗、存放、標誌與處理；售後退回商品重新檢驗合格辦理入庫的規定；購進商品退出的有關品質管制規定。

(8) **品質事故報告制度**

品質事故的範圍、類別；品質事故的報告程序、內容、認定與處理辦法；品質事故自理的「三不放過」原則（事故原因不清不放過，事故責任者和群衆沒有受到教育不放過，沒有防範措施不放過）；防止事故再發生的改進措施。

(9) **用戶訪問制度**

用戶訪問的組織管理與負責部門；用戶訪問的物件、內容；用戶訪問情況的匯總、分析、處理；訪問的表式、記錄與檔案。

(10) **品質資訊管理制度方式**

品質資訊管理部門、網路；品質資訊類別與分級規定；品質資訊表式、流程、時間與圖示。

(11) **商品分裝管理制度**

分裝人員、場所及其要求；分裝操作規程；分裝室、分裝工具、包裝物的衛生與清場；分裝商品的標籤、包裝、說明書及記錄；分裝商品的檢驗。

（12）**門市部銷售的品質管制制度**

對門市部銷售的場所、設施與人員要求；商品的進貨管道與品質要求；商品的進貨驗收、陳列存放、配方複核規定；特殊藥品與非特殊藥品的管理規定；計量管理規定；品質管制內容、表示與要求。

（13）**計量管理制度**

計量管理部門、網路與人員；使用計量器具管理規定；經營計量器具商品管理規定；法定計量單位的使用要求包括商品標價、帳卡單的管理要求計量管理的台帳、記錄、報表的內容與要求。

（14）**產品標準管理制度**

產品標準管理的職能部門與人員、產品標準的內部流轉與回饋程序。

（15）**各級品質責任制度**

各級領導與崗位人員的品質責任；企業與各職能部門的品質考核的主要指

標；品質責任的考核獎罰規定；品質獎勵基金規定。

(16) **品質否決權制度**

品質否決的內容、方式；品質否決考核部門；品質管制部門行使商品品質否決權的明確規定。

(17) **衛生管理制度**

營業場所的衛生管理；庫房內外的衛生管理；化驗、檢測場所的衛生管理；分裝室的衛生管理；商品的衛生管理；工作人員的個人衛生管理；防鼠、防蟲、防塵及防污染措施。

2. 品質管制部門的主要職責

協助經理管理本企業經營商品的品質管制、驗收和檢測工作。制定並對企業在商品進、銷、存過程的品質問題具有裁決權。

3. 品質管制組的職責

(1) 認真貫徹國家和上級機關關於商品品質工作的方針、政策、法令和法規，落實的具體措施。

(2)負責企業關於商品品質管制方面規章制度的督促執行，協助主管建立商品品質管制網路。

(3)參加工業部門對產品標準、包裝標準的審定和新產品的鑑定等工作，負責收集產品標準並督促本企業執行，負責商品收購試銷、正式經營、新增規格、改型、改變主要結構和原材料，改變包裝材料、容器和包裝方式等的品質審核。

(4)負責處理商品品質的查詢。

(5)建立商品品質檔案，根據用戶對商品品質的評價和要求，爲業務部門提供必要的品質資訊。

(6)負責商品品質資訊管理。

(7)負責品質不合格商品報損前的審核及報廢商品處理的監督工作。

(8)負責計量管理工作。

銷售

一、醫藥市場銷售特點

1. 經營責任重大

醫藥商品是特殊商品，各國都制定了嚴格的品質標準、產業政策、行業規範和專門法規來引導醫藥的生產和經營行為。所以要認真貫徹執行《產品品質法》、《藥品管理法》、GMP、GSP等藥事管理法律、法規、規範。

2. 需求的彈性類差大

如防治性的藥品、醫藥器械，其需求受人們的收入和商品價格的影響較小，並隨著人口的增長，需求量呈相對穩定增長。對保健性藥械，其需求的價格彈性較大，因此，在銷售中必須認真研究其規律，掌握適度平衡。

3. 市場的隨機因素多

如氣候異常引起的流行性疫情、自然災害、事故、戰爭等就會增加銷量且時間性強。

4．**行銷的集約程度**

必須有與經營相對的管理職責、人員與培訓、設施與設備、進貨、驗收與檢驗、儲存與養護、出庫與運輸、銷售與售後服務、批發與零售的管理規範。

二、醫藥商品銷售的基本原則

1．**合法原則**

醫藥經營企業必須依據有關法律法規，將商品銷售給有合法資格的單位和個人。

2．**安全性原則**

銷售國家特殊管理的醫藥商品時，必須嚴格按照國務院《麻醉藥品管理辦法》、《醫療用毒性藥品管理辦法》和《精神藥品管理辦法》等規定執行。銷售危險品必須按國務院《化學危險物品安全管理條例》的規定執行。

3．**眞實性原則**

銷售人員必須正確介紹醫藥商品的性能、用途、用法、用量，不得誤導用戶。按ＧＳＰ廣告宣傳。

4.有效性原則、禁忌和注意事項等

是指醫藥商品所必須具有的，由有關法律法規所規定的各有關性能、效用、時效性等指標，醫藥商品的有效性是企業信譽的重要保證。因此，企業應從合法的醫藥企業進貨，對其合法資格確認，做好記錄。

5.社會性原則

是指企業必須滿足社會各行各業。

6.經濟性原則

醫藥商品銷售是一種經濟活動，企業要在銷售活動中實現爲國家和企業的建設積累資金，就必須講求經濟效益，貫徹經濟性原則。

7.適應性原則

是指醫藥商品經營企業要針對消費物件和醫藥商品的特點開展銷售活動。

8.穩定性原則

是指醫藥商品銷售要保障市場需求，保障人民群衆對醫藥商品的需要。

醫藥商品銷售策略

醫藥商品的銷售策略是指企業爲了實現目標市場，從發揮企業經營能力的優勢出發，對醫藥商品銷售的一系列問題作出與外界環境相適應的對策，力求以最少的銷售費用取得較好的銷售效果。銷售策略的內容很廣泛，現擇其要點作概略介紹。

一、均衡策略

均衡是指宏觀上與社會經濟發展的均衡，微觀上與醫藥經濟自身發展的均衡。醫藥商品銷售要注意與地區發展規劃、人們的健康水準、品種與數量、銷售網站佈局的均衡。要優化購銷計畫，以銷定進，擴銷增效，會審協調。

二、供應廠商的優化策略

企業要堅持按需、擇優的進貨原則。以需求爲導向，加強市場調查。在選擇醫藥商品及比較供貨單位的條件時，應將醫藥商品的品質放在首位，確保採購商品具有符合品質要求的進貨程序。包括購進商品的基本要求，首要是收購商品的企業的品質審核、其次經營品種的品質驗證、進貨計畫的品質徵詢、進貨合約的品質條款、進貨實施的品質評審等主要環節。要注意選擇在市場適應力、品質保證力、新產品開發能力方面強的供應者；注意選擇在價格競爭力、產品差異力、推廣促銷力方面強的供應廠商；注意選擇優先供貨力、及時供貨力、優惠供貨力強的供應廠商；注意選擇歷史凝聚力、盛衰互補力、廣告宣傳力強的供應廠商。注意選擇收購率高、毛利率高於平均毛利率、履約率高於平均履約率、退貨率低於平均退貨率的供應廠商。以品質、效率取勝。

三、品種結構的優化策略

醫藥商品更新速度快，在銷售中必須保持良好的品牌結構。醫藥經營企業經營的品牌可以分成三個層次。

第一，尖端層要突出商品新，要抓地產新品、進口合資新品、各地具有特色的新品，並加強廣告宣傳、資料分析，公關策略等。

第二，重點層要銷量擴大，要抓住一批呑得進、吐得出的大宗品種，以量取勝。要注意提高進貨批量，贏得供應廠商；拓寬銷售地域，擴大市場佔有率；要善於捕捉時機，擴大進銷差，獲取高效益。

第三，基礎層要拓寬品種，要注意品種齊全，以滿足多層次需求的社會效益；要精心經營，薄利多銷增效；要著眼長遠，提高企業信譽，以信譽取勝。還要從購銷趨勢、對象、主要品種、合同執行、庫存等方面對品種結構分析優化。

四、商品價格的優化策略

價格是市場的槓桿，它直接影響企業的競爭力、規模和效益，價格是市場銷售中最敏感的要素。價格優化的目標是盈利、促銷、增譽。其優化的依據主要有成本價格、進貨價格、市場價格。藥品價格優化要善於把握五個彈性。

1. 物件彈性

(1) 層次結構：指銷售物件所處層次，其管道長度、中間環節不同，價格亦應不同。

(2) 地區：指不同地區銷售費用不同，價格亦不同。

(3) 關係不同：指不同物件的合作時間、程度不同，價格亦不同。

2. **數量彈性**

(1) 總額作價：即一定時期內達到一定數量，給予適當的折扣和讓利，鼓勵買方多購買。

(2) 批量作價：重點品牌推銷一次批量較大時給予優惠價格，結合數量和進銷成本。

(3) 協議作價：即協商定價。

3. **貨源彈性**

要俏貨看漲，平貨看變、滯貨看落，成長階段要高，成熟階段要穩，衰退階段要降。

4. **綜合彈性**

要考慮綜合效果，靈活掌握，寧局部虧，而全局盈；寧利率低，而利潤高；寧利潤少，而品種好。

5. **操作彈性**

運用價格策略要講究操作。如時間上力爭早半拍；降低幅度上低半分；兌現上快半步，合約執行上快一些，儘量避免價格漲落的談判糾紛。此外，還有習慣價格、聲望價格、心理價格、新產品定價等策略。

五、商標策略

藥品必須有註冊商標，並具有專用權。商標的策略主要包括商標的設計與管理。一個良好的商標設計應符合市場所在地的法律規範；應表示出企業或產品的特色；造型美觀，做到構思新穎，便於識別與記憶。企業要充分利用名牌商標的信譽獲得社會經濟效益。

六、產品包裝和裝潢策略

包裝是指產品的容器和外部包裝，裝潢則是對包裝的裝飾打扮。包裝和裝潢也是醫藥商品品質的重要組成部分。它能達到保護商品，便於運輸、攜帶和儲存，便於使用，美化商品，促進銷售，增加利潤的作用。包裝策略主要有：

1. 包裝標準的選擇是根據用戶的購買能力和購買動機選擇精裝或平裝。

2.包裝形式的選擇有整裝、零裝、散裝、硬包裝、軟包裝。如對需求量大的用戶選擇整裝；對經常性購買，每次購買量小的藥品選擇零裝。

3.包裝材料的選擇是指藥品包裝材料應保證藥品品質，方便運輸安全。

4.包裝設計的選擇有類似包裝，複用包裝，附贈品包裝、改變包裝等策略。

七、促銷組合策略

促銷實質是行銷者與潛在購買者之間的資訊溝通。其主要任務是傳遞資訊，激發需求，不斷擴大銷售。促銷可分爲：

1.人員促銷，主要指人員銷售。

2.非人員促銷主要是指廣告、營業推廣和公共關係。

促銷組合策略就是廣告，人員促銷、營業推廣，公共關係四種促銷方法的選擇，運用與組合搭配的策略就是每個企業要結合本企業實際情況，找到經濟、有效的促銷方法。

八、銷售對象的優化策略

銷售對象是商品銷售管道的走向。醫藥商品銷售中常把以直接消費者爲對象的銷售稱爲零售；以醫療衛生單位爲對象的銷售稱爲批發，以各級醫藥商業爲對象的銷售稱爲調撥。銷售對象的優化策略主要有：

1. 地區優化策略：即要做到本地是根本，近地要滲透，外地要補充。
2. 層次優化策略：其一般按醫療單位↓純銷單位↓調撥單位順序優化。
3. 關係優化策略：優化順序是先基地，後重點，再一般，銷貨基地是核心力量，點單位是依靠物件，一般單位是爭取目標。

九、銷售服務的優化策略

現代市場的競爭中，服務的競爭越來越重要。銷售服務的優化策略主要有醫藥商品要品質好、品種全、數量足，對醫藥生產要支、幫、促；要嚴格履行經濟合約；要加強醫藥商品宣傳；要健全外聯隊伍；要嚴守供應服務原則；要加強服務措施，開展便民服務專案；要改善服務態度，強化售後服務工作，提高服務水準等。

醫藥市場的開拓

醫藥市場的開拓就是研究、確定、開發醫藥市場，爲提高本企業的商品市場佔有率，擴大銷路，探索新市場。這是醫藥企業銷售決策中一項根本性的工作。

一、研究市場

醫藥商品市場的特點主要有：

1. 供應的普遍性和複雜性

醫藥商品市場涉及千家萬戶，供應要具有普遍性，消費者對商品的需求還會隨著生產力的發展和生活水準的提高而改變，如隨著生活水準的提高，消費者對營養滋補藥品和抗衰老藥品的需求愈來越多。因此，要求醫藥商品的供應保證品質優、品種全、數量足，並及時供給。

2. 藥品的購買多數屬於小型購買。

3. 藥品購買屬於被動消費

人們對藥品的使用一般是在醫生指導下進行。藥品的品質，消費者在購買時無法鑑別，因此，對藥品品質的要求十分嚴格。所有醫藥企業必須嚴格按照有關規定進行生產經營，確保藥品品質，做到萬無一失。決不允許有任何僞劣藥品進入流通領域，危害消費者。

二、確定市場

藥局要在市場細分的基礎上，選擇和確定目標市場。目標市場應具備三個條件，即有一定的購買力、有尚未滿足的需求、本藥局在某些方面具有一定的優勢。因此，藥局要從實際出發進行選擇。

1. 市場面多少和大小的選擇，如藥局實力強，品種較多，市場面就可選多一些。
2. 重點市場和一般市場是指藥局在選擇的若干個目標市場中，應確定出重點市場。
3. 本地市場和外地市場指藥局實力強，可將本地、外地同時作爲自己的目標市場，外地競爭對手多，本地競爭對手少，則選本地市場作爲藥局的目標市場，反之亦然。

4. 國內市場和國外市場是指在開發國內市場的同時，要爭取把國際市場作為藥局的目標市場。如跟隨世界性的中藥熱潮，發展海外醫藥市場。

5. 當前市場和長遠市場，指當前市場是完成藥局近期銷售目標的關鍵，藥局應當努力經營好。同時要關心長遠市場，要對未來市場進行佈局。

三、市場開發

確定了目標市場，並不等於有了現實市場。需要研究、採取一系列的開發市場策略。主要有選擇醫藥商品進入市場的時間和速度；選擇產品進入市場的空間位置；選擇進入市場的銷售策略；樹立自己鮮明的經營特色。如樹立本企業的「新」、「優」、「快」、「專」，特色：「新」，做到經營觀念、經營品牌、產品功能、包裝新；「優」，做到商品優質、服務優質；「快」，做到資訊處理快，組織貨源快；「專」，做到專門專營、分品牌專營等。

要保持優勢，有一句口號叫做「人無我有，人有我優，人優我新，人新我奇，人奇我廉，人廉我轉」。

第七章
美容美髮店

美容界的一般動向

一、時代對美容的理解

經營者必須密切地掌握時代潮流，才能成功地經營一間美容院。美容店的技術人員除了懂得將化妝與服飾知識結合以外，還應幫顧客做專業的全身美容。這和以前所謂的美容技術有天壤之別。

過去的美容大多是指從穿著打扮到髮型設計，而美容師的工作也偏重髮型設計。一提起美容院，給人的第一印象就是從事「頭部美容」的地方。但目前走在時代前列的美容院，除了仍有以前的化妝、髮型設計等技術服務以外，有不少的更進一步地追求美容本來的目標，謀求美容與整體的協調，再加上熱忱的服務態度和技術的更新，從心理方面來美化「顧客的面貌」。

二、個性美——新的潮流

目前，有越來越多的美容院，從顧客的立場出發來進行美容管理。在這樣的美容院裡，必須徹底分析顧客的美容心態和喜好，讓美容符合其個性，進而朝著流行的趨勢作適當的改變。

今後的美容院，不再只是按照顧客所說的去改變髮型，而是要站在顧客的立場上，成功地把握好顧客的心理，滿足顧客的需要。所以，不只是美容技術要加強，了解顧客的心理也是相當重要的。

美容院管理的基本構想

一、店面的效用

如果說美容院的「美容技巧」和「顧客服務」是產生利益的源泉，那麼美容院的「店面」和「設備」就是顧客來美容院的根源。也就是說，店面的狀況是否良好，會對顧客來美容院消費的意願有很大的影響。

1.從美容方面而言，必須符合以下幾點

(1)有進行美容活動經營空間的店面。

(2)以投資效果來看的店面。

(3)以促進經營的立場來看的店面。

(4) 以服務顧客來看的店面。

2. **從顧客方面而言，必須符合以下幾點**

(1) 具有現代氣息的店面。

(2) 可滿足美容心理需要的店面。

(3) 方便使用的店面。

(4) 滿足顧客對服務的需求的店面。

(5) 乾淨、有信用的店面。

二、店面設備的基本要點

1. 店面的設備必須給予顧客現代感。

2. 必須給予顧客最大的效率。

3. 必須讓顧客感覺到獨創性、個性和表現性。

4. 必須適合顧客階層。

5. 必須適合附近的地理位置。

6. 必須具有充滿效率和活力的美容技術。

7. 店面的效用面積和活動空間必須充分地靈運用。

由於美容院的活動性質是從事與美容有關的各項事務，所以「店面的現代感和現代情調」是不可缺少的。另外，還必須重視讓顧客滿意的技術以及店面的風格。即使店面較小的美容院也應具有競爭者所沒有的親切感和熱忱。

所謂「店面的現代性」，大多是根據感覺來評價的。也可以解釋爲與其他同行相比，領先二三年的風格。

如果把美容與領導時代潮流作爲美容院的活動內容，那麼將其店面經營成富有魅力、具有現代感也是很重要的。當然，房屋的裝潢和設備，無法時常更新。但如果能在大廳或座位的鏡子前面，安排適當的擺飾或者偶爾改變一下櫥窗的顏色，讓顧客能有新鮮感，也能達到很好的效果。

評價店面的現代性，是以店面的外觀、內部裝潢設計、美容機器的配置、櫃檯的形象、使用材料的保管空間等爲主的外觀上的判斷。而外觀裝潢得再氣派，如果不能適合周圍環境的顧客層次，以及提供親切周到的服務，也無法成爲顧客所喜歡的店。

所謂「店面的便利性」，對顧客而言，是指來店裡美容時感到很方便，而且對店裡的服務感到很滿意；對員工而言，也能輕鬆而且努力地工作，不會感到不滿。

美容技術的內容，是由接待服務、洗髮、梳整髮型等多種程序構成的。特別是應考慮美容器材的裝置和美容材料的購置的有效性，這對營造成為服務品質優良的店是非常重要的事情。

「店面的個性」，就是說與其他的店相比，能令人感到有獨創的魅力，呈現出美的形象，更能讓顧客願意光臨消費。尤其是美容的主題必須因顧客的年齡、個性等不同而各有差別，更應隨季節的改變和服飾流行趨勢的變化，使美容主題常常更新。因此，唯有掌握流行的動向，才能表現出合乎時尚的個性來。

店面的佈局與形象

一、佈局時要考慮的兩個因素

1. 佈局反映形象

從佈局中能反映出此店的形象。店面本身的形象，是消費者首先對它能否產生興趣的關鍵。店面的佈局是對形象的整體表現，而且店面的形象，對吸引過路的行人進來且最終成爲顧客，也是很重要的。店面的形象，不僅能從外觀上吸引顧客們的注意力，而且店內的內部裝飾和器材的設置，也達到令顧客產生信賴感的作用。

此外，美容師親切的服務態度，也能給顧客留下美好溫暖的印象，經營者可以把它作爲改善美容院形象的中心問題來考慮。

店面的外觀、招牌圖案的設計、花卉的擺設等都能使美容院受到顧客的注意。因此，切實把握這種吸引顧客的招式，在佈局時適當地融合進去，必能產生意想不到的效果。

(1) 新穎的形象表現

由於具備了富有新鮮時代氣息的形象，因而一般能給予顧客安全感，這樣，便起了擴大顧客面的有效作用。店面的形象，有必要在經營者認真考慮的基礎上，進行自由且輕鬆的表現，並隨著季節的變化去進行一些改變，以吸引顧客的注意。經由店內的顏色設計，可以很容易地製造一種舒適悠閒的氣氛。經營者應充分利用這個有利的條件。

(2) 時髦性的形象表現

近年來，可以看到很多店面在內部或外觀的裝潢上，大多使用豐富且奪目的色彩，以令顧客產生強烈的感覺來加深對店面的印象。採用這種表現方法的店面，其顧客層面大多比較窄。比方說在年輕的顧客中，如果這種形象表現能成功地擁有廣大的年輕顧客群，也有可能產生一種有利的經營形態。更重要的是這種形象表現的意外性，如果能夠在對顧客的服務及美容技術上充分地表現出來，令顧客有好印象，那麼同樣層次的顧客就會大量增加，甚至吸引到更多顧客也有可能。這種表現方法，經營者的個性與感覺往往是成功與否的關鍵。

(3) 高格調的形象表現

一般說來，經營時間長的經營者比較喜歡把美容院表現得格調高，或者說是重視格調的表現。但是這種設計，投入資本較大，因此要確切評定設備投入的效率，進而根據經營者的實力去做統籌規劃。如果沒有考慮到經營者本身的個性與店面形象的關聯性，以及與周圍環境的協調性，就容易讓顧客產生難以接近的感覺。因此，若想走高格調的形象之路，有必要仔細研討相當的高格調店面後，再去進行店面設計。

2. **當地的風俗與經營者的理念**

(1) 街上居民的風氣和顧客層次如何？

(2) 如何能讓此店被當地的顧客接受，且又能將店面的風格從佈局中表現出來？

(3) 整個店面的面積是否和佈局協調？

(4) 牆壁、物品和器材的顏色以及照明情況是否為經營者理想的風格？

二、店面的佈局

美容院要經營成功，必須使顧客願意來做美容，因此，對員工的工作效率要求及場地的設計，必須有嚴格要求。佈局的設計，必須與美容店的設施配套。從維持環境衛生的立場出發，規定最小的店鋪面積爲十三平方公尺，設施內容爲六張美容椅，每增加一張，面積必須增加三平方公尺。實際上，如果不增加這個面積，就無法令美容人員充分地施展技術。

1. 櫃檯

(1) 回答顧客一些美容方面的簡單諮詢。
(2) 愼重保管顧客的美容診療資料，並且迅速尋找顧客過去的美容記錄。
(3) 具有保管顧客隨身攜帶物品和衣服的功能。
(4) 計算顧客的美容費用和收費。
(5) 安排美容技術人員的工作時間表。
(6) 負責招呼等待的顧客。

櫃檯一方面必須常常與顧客聯繫，另一方面也必須注意服務人員的表現和周圍環境的狀況，以及是否具有信用等；同時，櫃檯還必須負責宣傳方面的工作，這也是管理的關鍵所在。

2. 照鏡處

一般設計師或學員都有一種想多放置鏡子的傾向，但這樣會降低活動空間。

(1) 一般認爲鏡子要選擇比較大的，才能表現大方和現代的形象。但如果鏡子太大，使用起來反而較困難，所以鏡子只要合適就好。

(2) 鏡子的朝向也必須注意。如果鏡子朝向雜亂的地方，會令顧客產生不好的印象，有損店的形象。

(3) 設計一個空間，用花草或飾品來裝飾，不僅會令顧客賞心悅目，也能提高員工的工作效率。

3. 吹髮室

吹髮室是美容院中能讓員工和顧客相互溝通的地方，因此，可以放置一些花草，裝飾一些飾品等，或者放置電視機，讓顧客欣賞佳片，調劑身心。

(1) 必須確切地控制好吹髮機（吹風機）所需的台數。一般說來，一面鏡子大約配三台吹髮機，另外可使用輔助型的吹髮機，以補充不足。

(2) 近年來，以臂桿吹髮機爲主體構成的店一直在增加。由於這些機器設置過多，在效用方面、形象方面產生了很多問題，所以必須特別注意。尤其是當店鋪本來就很狹小時，這些設備容易讓視野更窄，並且降低了鏡子的使用效率，所以應仔細考慮其設置。

(3) 在吹髮室爲顧客準備一些雜誌或造型方面的書箱也是很重要的。值得注意的是，如果吹髮的椅子上亂七八糟，或者放些破舊不堪的雜誌，將會大煞風景。

4. 洗髮設備

洗髮設備的好壞對美容院的經營有很大的影響。

(1) 必須仔細研究洗髮設備的地點、水壓的調節和水溫的控制。

(2) 還應考慮到洗髮人員是否便於走動，如果走動困難，不僅會降低工作的效率，還會給顧客留下不好的印象。

(3) 椅子的好壞也是決定能否讓顧客在洗髮時有舒適、良好感覺的關鍵。

5. 洗手間

如果沒有洗手間的設備，那麼即使美容院的顧客數量多，也會出現顧客的消費單價低，而勞動力負擔過重的情況。所以，發揮洗手間的功能也是非常重要的。

三、顧客對店鋪佈局的意見

顧客在選擇美容院時，其選擇的標準是什麼呢？經過調查後，得到以下的結果：

服務至上的店	12%	感覺親切的店	8%
近且方便的店	19%	以前常去的店	11%
衛生整潔的店	7%	燈光明亮的店	1%
價格便宜的店	11%	技術高明的店	14%
風格不錯的店	17%		

也就是說，顧客選擇美容院的重要因素有「衛生」、「風格」、「明亮」等，這些形象的感覺占了二成左右。另外，對於顧客是否會光臨固定的美容院的調查情況如下：

會光臨固定的美容院	27%
有時會光臨固定的美容院	32%
不會特別光臨固定的美容院	34%
其他	7%

可見，大約有三分之一的顧客會去光臨固定的美容店。也可以說是這些顧客根據前面談過的美容院形象來決定經常光臨哪一個店。因此，美容院的形象管理對於美容院來說相當重要。

以下是幾位中國顧客的建議，美容院雖然不必經常添置新物品，但有追求創意變化的必要。一般說來，服務業的店鋪器具的使用期約五年至十年，這意味著五年改變一次形象是必要的。但是若以策略上來考慮的話，經常性地將部分設備略微創新，時時給顧客以正在改變形象的感覺，這也許是一種更明智的經營策略。

有顧客認爲：美容院的壁紙若能設計得有個性且讓顧客感到舒服，就能使顧客平心靜氣。相反地，如果色彩非常強烈的店，容易造成顧客不安的心理，而且也容易讓員工產生疲倦感。

有顧客認爲：有時去美容院洗髮時，看到洗髮椅倒在地上，店裡的日光燈不一致或因故障而不發亮，器具沾滿污垢等，這些情況很容易讓顧客敬而遠之。

有顧客認爲：每次去美容院都感覺其還是十年如一日的老樣子，會令人產生厭煩感。所以，若能在店裡裝飾一些風景圖畫，或是偶爾改變櫥窗及椅套的顏色、顧客圍巾的樣式和店員的工作服等，會令顧客產生新鮮感，當然就更願意去光臨了。

有顧客認爲：有些美容院牆壁上掛著許多技術高超的證書和獎狀，但是其美容師的工具箱和物品卻髒亂不堪，洗髮處的熱水器上沾滿污垢等，試問這種情形會讓顧客對美容師的技術有信心嗎？

有顧客認爲：有些美容院店內管理得井井有條，卻不太注重外部形象。從吸引顧客方面來講，若可以從外面就能看清店內的情形，給人清潔舒適的感覺，清楚地標明價格，可以獲得更多的顧客青睞。

店鋪的氣氛形成

一、表現美容的樂趣

在我們台灣一家的美容院，其美容室沒有設置一台吹髮機，而是將吹髮室設在別處，其用意何在呢？原來，吹髮室是一個呈階梯狀排列的客座，尤如一間電影試映室的房間。在客座椅上掛著吹髮機，顧客可一面吹頭髮，一面欣賞電影；或者讓顧客一邊吹頭髮，一邊欣賞音樂。在座椅上還配備著耳機。這可以讓顧客在享受美容的樂趣同時，還能消除生活上的壓力。

1.給予顧客滿足感

光臨美容院的顧客，通常是因爲頭髮太長，頭髮捲曲、層次不明顯了，或爲了要參加晚會等緣故，因而不得不光顧美容院來塑造自己的形象。如果能將美容院經營得如前面所述的那樣，不僅可以滿足顧客求美的心理，更可以實現因爲「美化」而帶來的愉悅的滿足感。

2. 給予顧客親切感

那麼小的美容院，如何能吸引顧客前來呢？重要的是使顧客內心充滿愉悅，在顧客接觸美容的長時間內，能讓顧客感受到此店的用心經營。例如洋娃娃的擺設、小飾品的裝飾，或者花草的設計等，都能讓顧客感受到溫馨和親切。

3. 給予顧客熱忱的服務

顧客是抱著「美化」的夢想才到美容院來的，所以美容院經營的基本之道就是要滿足這個夢想。從顧客對美容院的評價中可以發現，有八十%以上來自於服務態度的好壞。不管技術有多好，如果待客方法不好，顧客絕對不會給予優良美容院的評價。相反地，即使在技術上多少差一點，如果待客親切熱情，滿足顧客的一些要求，顧客對其不足的評價也會下降的。所以，對顧客的服務是決定顧客增減的一個關鍵因素。

二、考慮店內裝飾的配色

美容院在裝潢時，經營者往往把注意力放在如何讓店面變得更加寬敞，更能吸引顧客上門，而忽視了人的生理方面的要求，這容易產生一些問題。以下的例子，可以讓經營者重新考慮店內裝飾的配色問題。

大約在兩年前，有家美容院進行了改裝，成了一家很獨特的店，經營者也很滿意。這個店面整體上是以深紅色爲底色，中間若隱若現出玫瑰紅。此形象給顧客們的印象很好，且在店內工作的員工也很起勁。

但是，大約過了一年，員工中便出現了一種沒有理由便休假的苗頭，有時甚至出現人手都不夠的情形。經營者感到很困惑，但一直找不出原因。經與員工溝通，發現員工很容易感到疲勞，尤其是頭部會有刺痛感，造成身體不舒服。經分析最後發現，這都是因爲美容院牆壁的顏色造成的。兩年前，此店隔著一條小馬路外有一片空地，從美容院往外可以看到好幾棵高大挺拔的樹，能眺望到遠處的那片寶貴的藍天。但是現在那片空地已經建立起一座小樓，擋住了視線。除此，改裝店時用的那種獨特的牆紙，會令人覺得有點疲倦。

找到原因後，經營者在窗外及店裡擺設了花草盆栽，並且在照明器具方面，減少了聚光燈的使用，增加了日光燈的間接照明。之後，員工請假的情況便減少了。

當店內要裝潢時，牆壁顏色應讓人產生心情寬鬆舒暢的色彩，以冷色調爲底色，再搭配色彩亮麗的道具和使用富有對比效果的飾品，這將使美容院成爲一個受顧客歡迎的地方。

下表顯示了色彩與心理的關係，可供參考。

顏色	聯想	印象	色彩物語
紅	酷熱、危險	熱情、積極	愛情
黃紅	溫暖、秋天	強勁、勁道	高興
黃綠	嫩葉、春天	年輕、活潑	青春
綠	大自然、鮮豔	寂靜、平安	和平

顏色	聯想	印象	色彩物語
藍綠	陰氣、潮濕	陰暗、幽遠	孤獨
藍	天空、水、透明	永遠、理智	平靜
紫	深遠、高貴	威嚴、柔和	孤高
白	空間、光明	寒氣、雲彩	清純
黑	宇宙、黑暗	空虛、哀喪	絕望

核對開業的必需品

一、開業準備的要點

1. 美容院是爲顧客創造美的企業，因此，美容院的佈置應達到美觀的境界，並且再加上豐富有趣的想像，使其具有獨特的風格。另外，接待客人的場所設計得寬敞舒適是很重要的。

2. 要成為一家顧客滿意的美容院，必須表現出此店的風格，並且精心策劃一些主題，來迎合不同季節的變化或是節慶的來臨。

3. 乾淨、整齊、明亮而有情調的店，對顧客而言，可讓其有賓至如歸的感覺；對員工而言，可使其工作得更有效率。

4. 美容院的外部裝潢與內部裝潢可依開店者的喜好來設計，但也應考慮到顧客的心理。必須考慮到美容院所處地理位置附近的顧客類型，進行裝潢。如果脫離了顧客的心理需要，其裝潢就算多麼的新潮，也起不了多大作用。

5. 美容院的內外裝潢，也是表現個性的武器。除了要考慮地理條件和顧客層次外，表現開店者的個性及創造力也是非常重要的。

二、開店前的器材準備

美容院即將開業的時候，經營者經常頭疼的問題是：該準備些什麼？怎樣去準備才好呢？下表可作為美容院開業前的必需品準備之參考。製作一張此形式的表，開業前，一邊核對一邊準備，這樣就方便多了。

品名	個數
美容師預約表	
美容紀錄簿	
營業日記	
材料購買簿	
文件袋	
營業發票	
收支明細	
員工規則	
技術範本	
事務用品單	
收據	
衣架	
煙灰缸	

品名	個數
顧客接待座椅	
擴音器	
音響	
滅火器	
消毒器	
消毒劑	
毛巾	
吹髮器	
洗法設備	
妝台	
美容機器	
冷燙劑	
美容技術刷	

品名	個數
傘架	
西裝刷	
急救箱	
顧客帳本	
美容雜誌	
一般雜誌	
包裝紙	
員工衣帽架	
員工桌椅	

品名	個數
8R子類	
夾子類	
棒子類	
洗淨噴霧類	
修指甲用具	
化妝品類	
洗髮劑類	
冷卻類	
其他	

1. **雜物類**

別針、盒子、黑橡皮、染髮藥水刷、染髮藥水、毛巾、潤髮乳、小鏡子、消毒器、橡皮手套（六號、七號）、剪刀等。

2. **化妝品類**

潤膚乳、護膚乳、洗髮乳、清潔刷、按摩膏、粉底、腮口紅等。

3. **棒子類**

一號、二號、四號、五A號、五號、六號、七號燙髮保護紙、棒子清潔器等。

4. **髮夾類**

小髮夾、美國髮夾、大號髮夾、螺旋髮夾、不銹鋼髮夾、魔髮夾等。

諸如此類，必須盡可能詳盡地做好準備，然後進行核對。在開店的當時會比較忙，必須在事前有充分的準備才不會到時手忙腳亂，造成服務不周的後果，留給顧客不好的印象。

美容院的員工管理

一、美容院的員工管理計畫

1. 美容工作人員管理的基本情況

美容師人數不足，主要是因爲希望成爲美容師的絕對人數不足和獲取美容師資格後發現美容行業薪資低而轉做別的行業。美容行業穩定性較低，美容院經常出現人員不足的現象。進一步追究其原因，可以發現美容人員的固有習慣是主要原因。

詢問美容學校的學生和實習生，爲什麼要想成爲美容師？有八十％左右的人回答說：「將來成爲優秀的美容師，自己獨立經營美容院。」正因爲存在著獨立開店的夢想，有些人才能夠在低工資的條件下，克制，忍耐，堅持工作。

大部分的年輕人都想儘快地學會技術，學會流行的美容程序，掌握經營美容院的技術。但是，經過一年至兩年時間，當他了解到經營美容院的不易，再加上一旦計畫獨立經營時，必須要有相當多的設備投資，夢就開始慢慢醒了，接著就出現放棄美容師夢想的情況。

從經營者來看，有很多人有這樣的顧慮：在一年至兩年時間裡，教授學員技術，讓其了解美容院的實情，然後正希望他能成爲一位合格的美容師時，他卻跳槽到別的美容院，或者想轉行了。

那麼，如何才能增加美容院員工的穩定性呢？最重要的一點就是要尊重員工的人格，讓員工尊重經營者，兩者齊心協力，共同爲美容院的前途而努力。千萬不能以爲付給了員工薪水，他們就應該不停地工作。一位成功的經營者，要讓員工感覺到受到尊重，從而去體會人活著的價值。

如果認爲美容院的經營成敗決定於待人行爲的話，那麼美容院的員工就是美容院的財產。爲了能靈活使用這些財產，就必須掌握員工的心理，給予他們更好的夢想。這就是現代美容工作人員管理希望達到的基本目的。

2. 就業規則的重要性

美容院員工的雇用還必須限制在有關規定的範圍內。

在臺灣，有關規定規定了有關員工的雇用、薪資內容、待遇、退休的最度規則。因此，就業規則的制定至少要超過最低限度的規則，讓員工完全了解，該美容院是很有誠意爲員工創造一個有前途的工作環境的。

制定就業規則並不是一件很難的事，以下所記載的事項是一般就業規則不可缺少的。

(1) 上下班時間、休息時間、輪休日和休假天數的安排等有關事項。

(2) 薪水的決定、計算和支付方法，薪水的截止和支付日期，預支薪水的有關事項。

(3) 與辭職有關的事項，解雇、退休等的條件。

這些三項都是必須記載的。

以下四項是相對記載事項，即可記載也可不記載的，大致有：

(1) 其他的津貼、獎金和最低薪水的規定。

(2) 員工的伙食、交通等規定。

(3) 與衛生、安全有關的規定。

(4) 與災害補償、傷痛有關的規定。

(5) 與表彰、懲罰有關的規定。

(6) 旅遊、出差費用、錄用人員、離職、福利、教育訓練等有關規定。

總之，在制定就業規則時，以上可作參考，在此基礎上制定適合自己美容院的一些就業規則。

3. 教育訓練

美容院對員工的教育訓練大致可區分成技術教育和服務教育。

美容院主要是進行美容技術爲主的經營活動。由於技術內容常會伴隨著流行而有變化，顧客的美容意識也會有所變化，所以，爲了抓住顧客的心理，必須時時謀求技術進步，定期舉辦教育訓練。

一般來說，美容師都會積極地參與訓練，因此，不會有跟不上流行的問題。但是若美容院不舉辦技術培訓，則對員工就不會有技術學習的吸引力，不久，就會造成員工外流的現象。相反地，密集安排教育訓練的美容院，對員工能產生互動的作用，從而建立良好的關係。

所謂的服務教育是以掌握顧客需求作爲教育的中心，但在實施中若總是重複同樣的內容，對員工是不會有什麼意義的。因此，如果能將技術教育和服務教育同時進行，即在待客服務中有技術，在技術中實現服務，才能提高實際的效果。教育訓練並不是以教育爲目的，歸根結底是爲了開發員工的潛力，提高他們的服務水準，從而獲得顧客的好評。

4. **自我啓發和目標管理**

有時候，讓員工自己確定目標，自己去實現目標，從而體會完成目標的喜悅，反而比教育訓練所得到的效果更顯著。

(1) 員工根據自己的判斷將結果記錄在這張進度表上，標明日期。
(2) 員工從自己的立場出發，依照不熟練至熟練的順序去做判斷。
(3) 經營者可依每個員工的能力，提出應該注意的問題。
(4) 把這張進度表和經營者的教育訓練計畫互相對照，研究今後的改進方法。

員工是美容院的財產，如果要儘快地讓員工熟悉服務和技術，提高美容院的經營水準，就不能只依靠教育訓練，而應該讓員工直接參與經營活動，鍛鍊每個人的能力，激發其潛力，向其目標前進。

5. 員工的福利

經營者的責任在於使員工保持良好的工作態度。美容院的員工每天都要長時間彎腰、站立著工作，因此，若讓員工勉強工作，就會影響其服務、技術的品質，甚至有可能會和顧客發生糾紛。

正因爲如此，經營者有必要從經營上去判斷員工的身心狀況，制定恰當的作息時間。

(1) **直接恢復員工疲勞的對策：**

平靜的休息場所；舒適的用餐場所；發給員工具有功能性的工作服；舉辦旅遊、踏青等活動。

(2) **間接恢復員工疲勞的心理對策：**

生日聚會；津貼補助；災害、疾病的慰問金；參加研討會的補助；提供技術、服務的圖書雜誌；提供娛樂雜誌。

(3) **特殊對策：**

設置員工宿舍；放置各種體育器材、健身娛樂設施；參加社會保險；制定與安全、衛生有關的事項。

實施這些對策最重要的一點，就是要員工喜歡，有參加的欲望。例如，制定旅行計畫，參加的人數卻不到一半，這就需要認真考慮計畫是否是員工喜歡的。雖然員工沒有參加的義務，但是要舉辦活動，就應辦得有聲有色，吸引大家參加。可能的話，事前應先聽聽員工的意見，讓他們參與制定計劃，並讓員工負起實行的責任，這也算是一個辦法。

休息場所、用餐場所的管理，以及工作環境的創造，並不只是依照經營者的意見，而應讓員工參與，這樣，實際效果會好一點。總之，透過福利政策來加強經營者和員工之間的思想交流，也是一個值得考慮的方法。

二、關於員工工作情況的調查

近年來，由於經營環境的改變，各美容院員工之間的薪資差距漸漸縮小，這對於員工工作的穩定將起積極作用。

根據有關的調查可知，美容師將來還想經營美容院的約占三十六・四％，結婚之後想繼續當美容師的約占二十一・二％，目的不明確的約占三十四・四％。

另一方面，從改行、調動的理由來看，目前仍然是薪資的因素所占的比例較大。

影響美容師工作穩定性的主要有三大因素：術指導完善、徹底（約十九．八％）；相互理解的重要性（佔十二．九％）；經營者的處世爲人（佔九．四％）。總之，大家都希望在能充分理解自己、富有人情味的經營者手下工作，接受正確的技術指導。

因此，對於所有美容院的經營者來講，培養對社會有貢獻的人才，讓他們充分發現自己的生命價值所在，這是很重要的。

美容院的技術與運用體系

一、美容院的技術與運用

1.美容院的主要技術

美容的技術內容非常複雜。由於每位美容師都會爲了展現自己最好的技術而不斷地努力，因而常會造成神經性的疲勞。但是，即使有高水準的技術，能夠做出很棒的美容，也不過是把人類社會的美容簡單地分爲髮型及身材容貌的美化。

如果能讓顧客在做美容時，享受親切的服務，比起美容師的技術來說，則會更有意義。例如：洗髮師在按摩頭部時，可詢問顧客的感覺，並說「會不會太用力了呢？」之類的客套話；在吹髮時，說一句「您辛苦了！」，讓顧客有被尊重的感覺，也能影響顧客對美容技術的評價。

2. 適合顧客的技術內容

美容師就是美容技術專家，他除了應懂得美容知識之外，還要有超人的思維方法。然而，有些美容師常常把高超的技術硬加於顧客身上，來滿足自己的服務表現欲。以化妝為例，顧客們常常追求的是日常生活的自然美，而不是追求像時裝表演、電視演出那種濃妝的美。所以，對於美容師來說，即使是應該具有的形象，如果顧客無法接受，美容師也不能硬要替顧客做那種造型，因那種做法是不對的。顧客因人而異，各有所好，因此，必須先了解到這一點，然後再進行技術指導，給顧客一個滿意的造型。

一般的人認為，美容院是讓顧客變美的場所，而且服務態度必須周到。然而有些顧客追求的是美容速度，而不是技術的高低。例如：對於要出席家長會或參加婚禮等有急事的顧客來說，周到的按摩不如好手法的按摩，動作應儘量迅速才能滿足顧客的要求。另一方面，在進行美容之前，美容人員應先詢問顧客的要求，以此爲標準做符合其外型的設計。

二、美容院的經營能力與動向

美容院的技術服務都是依靠人來進行的，因此，與一般的企業相比，美容院實行機械化以節省人力是有一定限度的，提高生產能力也有一定的困難。例如：近來有的美容院開始使用自動洗髮機，雖然使用該可以節省人力，但是卻不能滿足顧客的需要。還有，在技術方面，提高附加價值，其目的是希望美容價格上漲。但是，由於競爭者之間的競爭性、顧客的要求、地域條件的差別，因此不一定能實現。也就是說，從美容工作特性來判斷，我們不能否認生產能力的提高是非常有限的。

雖然促進銷售的各種宣傳工作，能夠吸引一部分顧客，甚至在閒暇時段招攬到更多的顧客，但實際上要改變顧客和顧客利用美容院的時段都不是一件容易的事。

所以，只能依據美容院的形象、服務態度的好壞，以及滿足顧客的技術這三個因素來提高顧客對美容院的評價，再根據每位顧客的評價，來評估自己經營的美容院是否能夠吸引顧客，是否能夠提高經營能力。

基本的經營對策

一、經營對策的五個要點

1. 在劇變的社會形勢下，同業者的差距在逐漸拉大，經營者必須注意企業及社會發展的動向，具有先見之明。
2. 美容業是把髮型及美麗的容姿帶給顧客的行業，必須具備時尚先驅的作用。
3. 在競爭者雲集的美容業，最重要的是其他店家所沒有的獨特性，這主要表現在美容技術、待客服務、店家形象三個方面。沒有獨特風格的美容院也就是失去生意之路的美容院。
4. 美容院的技術不是指機械式的技術，而是指人的手和心的技術。在現代時尚的社會裡，要想成功，首先必須要得到別人高度的評價。因此，美容院一定要有水準和態度俱佳的美容師。

5. 評價一間美容院的好壞，不能以其規模大小而定。不管美容院的規模如何，我們都應從員工對顧客的服務，來評價美容院經營成功與否。

二、適應社會的形勢

1. 學習別人的經驗

在爭奪圍棋、象棋的勝負時，通常旁觀的第三者比下棋的人更能準確地預測大局，從而進行正確的判斷。

美容院的經營也完全與此相同。去看一看人家的店面或與其店主促膝談心後，就能意外地發現自家店面內部該改善的地方，以及自家店面經營的不足之處。

總之，在現今被稱爲資訊化時代的社會裡，爲了發展經營，最重要的還是要多吸收外來的東西，從中學習到適合自家美容院的經驗。如果只是墨守成規，那麼就尤如一隻「井底之蛙」永遠無法成功。因此，對於美容院的經營者來說，最重要的不只是要懂得美容技術以及服務品質等，也要懂得跟上時代變遷的腳步。

2. 考慮經營高效率的美容院

某地區與去年同期比較，雖然美容院增加了近二十%，但是美容院經營者卻有愈來愈難經營的感受。

當然，原因主要是物價上漲。由於物價的上漲，員工們都希望能提高薪資，經營者爲了能繼續經營，只好想辦法來提高員工的薪水，所以經營起來很困難。

還有其他原因，那就是某地區地區八十%左右的美容院都存在的問題，即營業額增加了，但顧客人數卻減少了。因爲顧客人數減少，所以美容院常常死氣沉沉，沒有一點生氣。以店內的情況來看，除了星期六、星期天之外，顧客來店的時間都在下午，上午幾乎沒有顧客。

由於顧客大多在下午時段來，所以美容院的員工必須在限定的時間內招呼那麼多顧客，以致於忙得不可開交，甚至手忙腳亂，給顧客留下服務不周的感覺，造成顧客減少上美容院的次數，美容院的生意每況愈下的局面。

假如由於社會形勢不穩定，造成物價的上漲，顧客也會減少上美容院的次數。顧客可能從一個月燙髮一次變成三個月一次，一個星期來店一次的顧客則變成一個月來店一次。

而燙髮因爲經久耐用，與其他費用的例如剪髮、洗髮比起來，價格雖然比較昂貴，但是顧客還是會選擇燙髮。這樣既滿足了顧客三個月來店一次的心理，又能滿足顧客的愛美之心。因此，這樣會造成顧客消費的單價上升，且營業額會增加，所以經營高效率的美容院，才能順應社會形勢的改變。

3. 效益以服務爲前提

如果能預測未來美容院的發展動向，據物價上漲及員工的薪資、獎金的提高，而調整美容價格，美容的費用的上漲便是輕而易舉的。

有的美容院會調整美容價格，甚至以其不能維持經營爲由一年三次調整美容價格，並且將員工上午休息時的薪水都加在顧客的美容費用中。當然，美容業是一種特殊的職業，採取上述對策也是不得已。但由於美容院過度的價格競爭，常會使其不太注意衛生服務方面的工作。

所以，要吸引顧客前來消費，除了採取低價格政策外，最重要的還是要注意服務、衛生品質，讓顧客覺得到美容院消費是一種享受。也可以說：「服務品質」是吸引顧客的基本功夫。

4.對將來充滿自信

如果社會形勢不穩定，那麼要想維持美容院的經營也不會是一件容易的事。因此，必須要會預測社會形勢的發展，採取自我防衛的對策。

然而，大多數經營者都不知道採取對策的前途在何處。由於通貨膨脹而造成物價上漲，許多美容院的經營產生很多問題。儘管如此，仍應設法維持經營。

「忍」字再加上機會到來所產生的「力」，就等於「成功」了。美容業是人對人進行美的服務行業，因此，顧客的評價是很重要的。如果能得到好的評價，不久的將來就能受到大家的認同。因此，要突破美容院經營的「瓶頸」，必須對自己過去的技術以及未來的技術和信用充滿信心，全體員工一起努力。

三、引領時尚的店鋪

1.追求變化

隨著男性留長髮者的增多，其髮型也開始多樣化。一般而言，男性進理髮院，女性進美容院。美容院與理髮院兩者的經營活動內容密切不可分的原因，並不只是簡單的髮型方面的，而是因爲現代的時尚，男女間的差別逐漸地在縮小，理髮與美容可以說已開始進入互相競爭的時代。

(1) 注意顧客潛在的欲望

原本美容院主要是進行頭部美容的。然而，如果髮型是時尚的重要部分，那麼顧客的髮型諮詢就包含對服飾、流行的諮詢。

現代的顧客常想變換形象，例如：頭髮留長了，或者髮型變形了，就會去燙頭髮或修剪，從美容角度去追求適合自己個性的髮型，且又不失新鮮感。

所謂個性美，就是指在一定時點，追求更加完美的變化。因此，向顧客提出適合時宜的「變化」建議，是非常重要的。通常在年輕的層次中對「變化」較有新鮮感，也就是說在年輕人中隱藏著「變化」的欲望，這也是經營者值得去開發的市場。

(2) 對待中年顧客的方法

調查美容院的顧客資料，從年齡層次來看，以中年顧客占大多數，因此，今後美容院興隆與否，取決於接待中年顧客的方法。

所以，經營者中大部分都認為必須注意對待青年顧客，如果給青年顧客留下很好的印象，那麼這些青年顧客將來到了中年，也會繼續光臨這家美容院。

當然，既可以根據自家店面的地理條件，以青年顧客為中心進行宣傳，也可以以中年顧客為目標。總之，對於美容院的員工來說，必須要去滿足適合顧客年齡層次的「美容要求」和「享受新造型的欲望」。

然而，從一般的顧客動向來看，按年齡次序有著基本的發展態勢，因此在接待顧客方面，適合其年齡的說話方式也是抓住顧客心理的重要方法。

表中介紹了年齡層次不同的顧客的一般動向，但由於最近美容院也增加了一些男性的顧客，在此也介紹男性理髮的趨勢，以作為參考。

年齡	男/理髮	女/美容
少年	對髮型非常敏感，對流行動向十分強烈，好動型。	具有潛在流行意識，喜歡表現自己的魅力，對藝術充滿嚮往。
二十歲	具有個性意識，對理髮器材及用具非常關心。	個性美的表現欲強，對流行非常敏感，特別注意皮膚的膚質，十分注意美容、化妝器材。
三十歲	有潛在的髮型變化動向，選擇穩定的髮型，特別注意技術效果。	具有潛在流行意識，喜歡表現自己的魅力，對藝術充滿嚮往。
四十歲	注意理髮技術、服務態度，關心落髮問題，流行動向低。	對穩定的髮型較鍾情，關心周刊、雜誌的美容技術，以及膚質問題。美學動向強烈，關心「心理美容」。

四、美容院的心理經營

1. 滿足顧客的心理

最近，美容院開始重視心理美容。所謂「心理美容」就是指不管美容院的外表裝潢多麼美觀，如果顧客心理不舒暢的話，那就不能算是真正的美觀。

生意興隆的美容院與經營不順利的美容院的差距，從一般經營上來判斷，其主要原因在於地理條件、美容院外的社會環境、設備、服務內容、宣傳方法，還有經營者的手腕等。雖然這些都是經營上的重要原因，但「心理美容」這一項，對於美容院的經營活動有著很大的影響力。

若是經營者臉色難看、牢騷滿腹，使得美容院的員工心情不好，那麼接待顧客也不會客氣。在這樣的場合，即使吹髮的時間到了也不會注意到；燙髮時若不能掌握得很好，將第一劑與第二劑之間的時間隔開，那麼也會讓顧客有不好的印象；甚至員工之間也會變得冷言冷語，進而影響到顧客。如此，美容院的外觀就算裝潢得多麼美麗，顧客也還是會感到不滿足。

衡量美容院生意興隆與否，最好是看滿足顧客需要的程度。當然，在價格相同時，店面裝潢、設備越好，顧客就較可能會選擇。但是，不管美容院多麼新，如果一家美容院沒有滿足顧客要求的氣氛，那麼這家美容院的生意是不會興隆的。

顧客評價一家美容院的技術高明，多半是因爲顧客對那家美容院的服務態度感到滿意。能令顧客感到滿意的是店內的待客方法，但是顧客有很大的差異，如果服務顧客的方法都是千篇一律的話，那麼顧客也不會滿意。因爲每個顧客都有其獨特的個性，因此服務也要適合其個性。另外，對將參加重大宴會、有時間限制的顧客和對於不趕時間的顧客，其接待方式也要有所不同。

總而言之，美容院經營興隆的秘訣在於經營者對滿足顧客的要求要有自信心。這種自信心，也可以說是「心理經營」的基礎。

2.**表現年輕**

如前所述，生意興隆的美容院與經營不順利的美容院之差距主要在於是否能滿足顧客的心理。

如果一間美容院充滿著活潑的氣氛，且美容院的員工都是由年輕的員工所構成的，如此，到這間美容院的顧客也就能感受年輕的氣氛，以及服務態度的親切。自然而然地，顧客下次要選擇美容院時，還是會樂意到這間美容院來。

所謂美容，就是指使人的容貌變得美麗的全部技術活動。讓顧客心情豁然開朗則是美容的基本技能。

美容技術隨著時尚的變化而變化，因此，吸收美容技術、滿足顧客的要求是非常重要的。在顧客美容時，心裡總有一種願望，就是想讓自己顯得更年輕、更漂亮。

年輕的表現，不只表現在人的外表上，更會表現在顧客的心情上。時下追求年輕的顧客，常會爲了美化自己而上美容院。因此，重要的不只是注意美容方面的技術，還要注意創造滿足顧客、表現年輕的店內氣氛。

所以，美容院經營成功與否，其判斷標準是看美容院是否有朝氣，是否充滿活力。一般顧客在調查美容院的經營內容之前，憑直覺之所以能知道其內情，實際上是根據店內的活力，來判斷其經營效果的好壞的。

那麼，當我們在考慮美容院的活力時，必須要表現出年輕。這種年輕，與經營者的年齡、員工的年齡沒有任何關聯，主要是要將年輕的氣氛在美容院表現出來。

五、創新的經營政策

1. 獨創性

企圖擺脫普通正常的宣傳活動是一般的美容院經營的模式。但是，店家的規模與形象有異，技術內容也有不同。因此，我們應考慮從一般的美容經營活動中脫離出來。

一般小規模的美容院，爲了創造自己的風格，除了加強服務和店面的形象設計之外，大多數美容院爲了吸引更多的顧客，都在進行技術宣傳。例如：「本店美容技術最高明」、「燙髮效果最好」。

從顧客的角度來看，只要這家美容院擁有獨特風格的優良技術，哪怕只有一點，那麼其他的技術水準顧客也會感覺到相當高明。美容院只有進行這方面的技術宣傳，才能在激烈的競爭中，超越其他美容院。

在此，我們觀察一下美容顧客的情況。美容院的顧客年齡大多在三、四十歲左右，中年顧客比較集中。

從這種客源傾向來考慮，區分客源的年齡層次，適當地經營專門化是很有必要的。

2. 獨創經營舉例

例如，在A商業區的B街有一家C美容院，它把每週的星期五定爲辦公室小姐的美容時間。若是C美容院周圍的公司採取周休二日制度，那麼這家美容院就把星期五的營業時間往後推遲到晚上九點，並推出專門爲辦公室小姐服務的特別美容專案，制定特別的梳理髮型價格。

一般說來，大多數美容院都在辦公室工作人員下班後也關門了。結果這些工作人員爲了美容，就得花費大半天的休息時間。如果能像C美容院那樣，顧客就能在休息日前從容地去美容院，而且有專門爲辦公室小姐制定的特別價格制度，那麼顧客就會被這種魅力所吸引。事實上也是如此，C美容院每到星期五晚上，店內絕對充滿朝氣、活力，生意非常興隆。

從以上的例子，得到一個結論：要讓美容院經營成功，至少要努力創造與衆不同的技術和具有特別的服務意識。依靠獨創性來開拓新的客源，這就是今後美容院的經營之道。

美容院經營方面存在的問題

一、競爭者與經費

椅子數量不同的美容院存在著不同的經營問題。普遍而論，最令人煩惱的問題是競爭的美容院過多，約占總數六十%的美容院都存在這個問題。也就是說，每三百戶人家中就有一間美容院。如果你到街上閒逛時，不妨注意一下，會發現隨處林立著各式各樣的美容院，其競爭之激烈，由此可見一斑。

根據調查，美容行業中九十%以上的美容師想獨立的心理較強，一旦時機成熟，就會自找店面，獨立經營。但是實際上，有衆多的競爭對手，就會引起美容費用的競爭。因爲許多美容院都想吸引更多的顧客。

如果是這樣的話，可能會令目前正從事美容工作，以及將來想進入美容院工作的人打退堂鼓。但是，即使是這樣，解決問題的關鍵還是在於經營的方法。有的美容院做好規劃，走上發展的大道；而有的雖然沒有計劃走向全方位的發展，但卻能切實地保留其他利益。

美容院的第二大困難就是許多經費開支提高，特別是毛巾、盆、水電、修理等費用已成爲頭等問題。另外，在一般的美容院，衛生消費品、飾品之類的經費開銷提高，其他諸如拖鞋、顧客看的雜誌、廣告、插花之類的經費也逐漸增多。這些都是美容院的經費問題。

從美容院的性質來看，美容院是依靠人的服務來維持本身的經營的，所以必須擁有一定的美容技術人員。然而，現今的美容師與以往有所不同，他們並不想在同一家美容院工作太長時間，有的稍微習慣就會因薪水方面的原因而轉到其他美容院；有的結婚後則做專職的家庭主婦；還有更多的美容技術人員改行到其他行業工作。由於人力短缺，勢必導致各間美容院爲穩住技術人員而進行一場薪資上漲以留住人才的競爭，因而會引起人事費用的提高。

不過，即使提高薪資，中國美容師的平均薪資水準與社會上一般的上班族的平均薪資水準比較起來，還是較低的。甚至有些工作三年以上的技術人員，還得依靠家人寄錢補貼生活。

一般說來，美容院對經費開支的比例是：材料費占十％，人事費占四十％，一般管理費用占三十五％，剩下的十五％就是經營者的收入。以上是平均的比例。但由於一般管理費及人事費的上升，經營者的收入是無法令人滿意的。競爭者過多及經費開支提高是美容院經營者的煩惱，尤其是椅子數量在二至四把的小型美容院，如果無法讓員工安心地工作，很容易產生經營上的困難。

儘管如此，與椅子數量是五至六把的美容院之經費相比較，也有人認為，由於一般管理費開銷沒什麼變化，所以經營是最難的。然而，像這種規模的美容院約占總數的五十％，因此，美容院的盛衰變化是很大的。

二、營業額不穩定

很多美容院都存在營業額不穩定的問題。

服務行業常常會受到季節、氣候等因素的影響，特別是美容院，常有時下流行的造型變化的明顯差距。經營者如果無法把握這種變化，而漫無計畫地去經營，很容易造成經費不足的問題。這個問題在規模較小的美容院表現得特別明顯。

隨著美容院的規模不斷地擴大，如果經營毫無計畫，會造成營業額相當劇烈的變動，而原本規模較大的美容院，要能夠事先採取適當的對策進行經營。一般來講，營業額的不穩定性與美容院規模的大小成反比例關係。

總之，美容院全年的營業額變化劇烈，而且其變化，每年都呈現出相同的傾向。營業額較好的月份與較差的月份，變化比較明顯，如果能制定好計畫，則不會有什麼大問題。

三、地理條件日漸惡化

由於地理環境的變化，常會使得經營變得更加困難。如果美容院的周圍增加更多的公寓，那麼客源就會變得不穩定；如果美容院前過往的車輛很頻繁，那麼顧客就會漸漸地疏遠那間美容院。

但是，即使是這樣，對顧客來說，美容院除了可以美化人以外，還可以進行思想交流。因爲店方的熱情服務，顧客就不願意到其他店去，如此，就能穩住顧客的來源。

然而，事實上，大多數美容院的困難都是由於地理條件的變動而產生的。所以必須儘早地認清地理條件的變化，然後儘快地制定對策，這一點是非常重要的。但是地理條件的變化，常常不是很明顯。一旦察覺到地理環境的變化，才發現自己的美容院位於鬧區和小吃店的中間，並且被辦公大樓團團圍住，到時要制定對策，可能就必須花更多的時間和成本了。所以，我們必須注意到這一點，若地理環境變化明顯，則制定對策比較容易；相反地，如果地理環境變化不明顯，那麼到發現時再採取對策便會比較困難。這是經營者在開店前必須仔細考慮的一個問題。

第八章
健身房

市場狀況

一、社會的需求

現代生活節奏加快，每個人都承擔著各種各樣的壓力，眞正能擺脫這一切的閒暇時間稀少而寶貴，人們都希望充分地利用這些寶貴時間，透過一定的方式恢復體力、精力，同時增強體質，以利再「戰」。但現代人，尤其是年輕人中能夠有毅力每日堅持體育鍛鍊的很少，大多數人希望將單調、艱苦的鍛鍊變成富有樂趣的輕鬆的活動，讓鍛鍊變成「玩」，在快樂的氣氛中不經意地取得有益於身心健康的良好效果。於是，越來越多的體育項目經過改良，增加了趣味性而變成了公共設施中的娛樂項目，滿足了新的消費需求，也取得了良好的經濟效益。

健身俱樂部是能給予人們快樂的地方，而出售「快樂」的行業是最有發展前途的。美國人最先把健身快樂當成一樁買賣來做。起初的力量訓練僅僅爲造就那些舉重運動員，而健身操也只是讓宇航員得到柔韌性練習。後來美國人把這兩樣東西放在「店面」裡經營，人們必須花錢才能享受到鍛鍊的樂趣。

今天，美國的健身房經營業已發育成熟，那裡的健身房文化也成爲美國現代文化中的一道獨特的景觀。全球的同業中人都在從美國人的運作手法中尋找借鑑。

相對而言，中國健身俱樂部卻剛剛開始發育，儘管數量上在一九九九年才有了突飛猛進。即使這樣，二十世紀九〇年代末的中國健身房已與上世紀八〇年代不可同日而語，前者在規模、層次、健身手段以及經營理念上都有了令人耳目一新的改觀。

如果顧客眞把去健身房當成獲得快樂的消費行爲，經營者眞正把健身房視爲一項快樂的行業，那麼這個市場的繁榮就來臨了。不能否認的是，這一誘人前景的實現必須以在全民中進行健身觀念的喚醒和引導作爲基礎。

二、國內的先行者們

今天，消費者只需花兩百餘元人民幣便可在北京大多數裝修一流的健身房裡鍛鍊一個月，這其中包括可以在流行音樂的伴奏下跳健美操，在教練的指導下進行有氧和力量器械練習，可以享用淋浴設備，也可以舒適地在咖啡廳小坐。

這在以往是難以想像的，同等層次的健身房過去幾乎都是在酒店裡的封閉空間，收費自然令普通收入者望而卻步。而當時低收費的健身房僅僅是出大力、流大汗的地方，健身者不會感到健身房原來也可以提供一種舒適的享受。

相對於封閉式經營的高檔俱樂部和簡陋健身房，那種環境優雅的中檔收費俱樂部顯然成爲健身市場的主流。中國健身房市場的這一主導方向令公衆深感欣慰，因爲這是該行業健康發展的前提，也是健身俱樂部維護其公益形象的保證。經營上，爲數甚多的健身房都在模仿國外，空間設計、器械配置、運作手法等從歐美和日本移花接木。

一些行銷領域的人士成爲健身房的投資者和經營者，從而提高了從業者整體的文化水準和經營行爲的自覺性。然而，當前缺乏的就是既懂經營又通曉健身理論的管理人才。

從會員構成來看，幾乎所有的健身俱樂部主體會員都爲女性。女士們往往是形體美最狂熱的追逐者。另外，相對於常常出沒於酒店及娛樂場所的男人們來說，他們的休閒選擇要少得多。因此健美操也似乎成爲俱樂部的支柱性經營項目，能夠招徠顧客的健美操教練在管理者眼中似乎成了「搖錢樹」。

健身房開業經營

健身房又稱體操房，是進行室內體育鍛鍊的場所，通常分有器械和無器械兩類。近年來健身房的器械設備更新換代速度加快，一些傳統鍛鍊專案已成為娛樂專案中的重要內容，健身房也漸漸成為綜合娛樂場所和飯店康樂部的主要設施。其中，器械健身房是娛樂場所中比較常見的健身房形式，是為客人提供各種先進的器械設備以進行力量訓練和肌肉訓練的場所。

一、開業籌備

器械健身房場地面積要求不大，裝修上只要求簡單、清潔，牆面要求有鏡子，地面以木板或地毯為好。器械應功能全面，性能先進，必須同時具有可供客人鍛鍊臂力、腿力、背腹肌以及其他健美運動所要求的鍛鍊局部肌肉的器械，還要為初學者提供輕鬆易學的鍛鍊設備。近幾年來，健身設備的改進日新月異，新的發明也層出不窮，目前娛樂場所器械健身房常用的器械設備有：

1. **力量訓練器**

力量訓練是體育訓練的基礎，在所有的體育設施中，力量訓練設施是不可缺少的。最簡單的器械主要是啞鈴、桿鈴、彈簧鏈、單雙桿等。

2. **自行車練習器（飛輪）**

自行車訓練設備是模仿自行車形狀而製造的固定在健身房地面上的訓練設備。它根據騎車可鍛鍊人的腹肌和腿部肌肉的原理，在固定的自行車上設置了不同的阻力，模仿自然車道的坡度，騎車者可以自由選擇地形，像在戶外騎車那樣進行鍛鍊。最先進的自行車訓練設備上有一個電腦螢幕，上面可以顯示類比的路況和外景，讓運動者有身臨其境的感覺。

3. **跑步練習器**

跑步是在室外進行的運動，需要一定長度的道路，並且受天氣和路況的影響。跑步機則是設在室內，根據人類標準跑步動作設計的讓人在滾動的特製帶上跑步的設備。跑步機透過設置不同的皮帶阻力來模擬不同的地形，正前方設有電腦螢幕和鍵盤，來顯示外景。

4. 划艇訓練器

划艇運動可以鍛鍊運動者的臂力、腿力和腹肌。划艇機就是模擬划艇運動，由一個可前後划動的坐凳、兩個固定的腳踏板、一個彈簧拉力手柄和電腦螢幕組成。這種運動幾乎是全身運動，可以更多更有效地消耗人體中的熱量，增加呼吸量，使人在更短的時間內減輕體重，增加肌肉。

5. 台階練習器

台階練習器由一高一低兩隻腳踏板、安全扶手和電腦螢幕組成，透過設置腳踏板阻力來模擬登不同高度樓梯的鍛鍊。

6. 模擬游泳訓練器

游泳是一種有效的全身運動方式，但遺憾的是這種運動季節性太強，並且限制了不諳水性者的涉足。模擬游泳練習器是放在健身房內的一種簡單設備，運動者伏臥於臥板上，繃直全身，臥板只支撐人體的中間部分，運動者雙手套在可調節的強彈簧拉力皮帶上，按預先設計的電腦程式做游泳動作訓練。這樣的訓練不僅有助於鍛鍊運動者的臂力、腿力和腹肌，而且可以有效的校正運動者在游泳中的不規範動作。

7.溜冰練習器

這是一九九六年才推出的一種新型娛樂健身設備，它最主要的部分是可以調節阻力的、能前後左右滑動的仿冰鞋踏板，並配以制動扶手和預備性後座，電腦顯示螢幕可同時顯示每小時熱能消耗量、滑行距離、時間、每分鐘的踏數。電腦中預設有多個運動程式，並可與電腦類比系統進行比賽，以增加運動趣味。

二、運營管理

在運營過程中要加強程式化管理，將顧客消費過程，即鍛鍊過程具體分成幾個步驟。將工作人員按過程分成幾個小組，讓其各司其職，各行其事。還可專門聘請一位教練，對客人進行專業的健身健美訓練。在定價策略上，宜採取大眾化價格，擴大顧客量，實行「薄利多銷」，並且在鍛鍊時間上進行科學規劃和安排。

可能面臨的風險

一、風險之一

中國目前有些健美操教練專業素質並不盡如人意，但他們卻如同職業足球球星那般「物以稀爲貴」，面對他們不斷攀升的課時費和頻繁跳槽的舉動，健身房老闆顯得很無奈。

業內權威人士在批評目前開辦健身房的追風現象時說，一些投資者在缺乏市場研究及確實資料支援下便盲目擲下大量金錢，以致俱樂部開業後入不敷出，造成虧損或倒閉。

人們一致認爲，目前健身市場的低迷並非是行業本身的缺陷，而是因爲經營和管理的低水準。健身房的經營其實就是吸引會員並留住會員的過程，而影響這一過程的因素包括健身房選址是否準確，收費是否合理，環境是否舒適，設施是否齊全，經營品種是否具有誘惑力，健身指導是否專業，服務是否周到，俱樂部推銷和宣傳手段是否到位等諸多方面。健身房經營絕對排斥急功近利行爲。

但是，就國內各大中型城市的城市規模和相關消費人群而言，健身房的發展數量尚遠遠不夠，各地新建健身房的出現並未停止。據最近的消息指稱，美國最大的健身俱樂部之一的金牌健身房已決定在北京開辦中國連鎖店。

二、風險之二

來自上海、武漢等地的資訊令那些「快樂」行業的從業者感到洩氣，部分的健身房沒有盈利，甚至虧本。一位來自廣東的經營者在談及自己躋身健身業的初衷時說，過去開過保齡球館，後又辦成溜冰場，一年後生意越來越清淡，於是就改做射箭項目，熱絡了半年又不行了，最後瞄準了健身房。

案例之一，北京茜茜女子健身中心

浪漫的都市女性憧憬著未來，又常嘆時光流逝，帶走青春年華和俏麗容顏……

健康、美麗是「茜茜」會員共有的特徵。芭蕾舞訓練，培養高雅的氣質；靈慧瑜珈培養良好的心態，「茜茜」的教練讓您明白青春是一種生活

態度。美髮、美容、美甲、美體、按摩由專業人士給顧客特別指導，幫顧客樹立信心，教顧客輕鬆保持自然美，「茜茜」的服務與指導讓顧客知道美麗與年齡無關。

現代設備＋專業護理＋時尚理念和自信的女人相約從這裡開始。

形象設計：專業髮型及造型、法國歐萊雅、德國威娜。

形體訓練：舍賓形象雕塑班、形體芭蕾班、靈慧瑜珈班、少兒舞蹈班。

全身護理：全身融氧排毒推油、全身香芬排毒排油、全套身體護理、手足護理、美體豐胸、香薰足療、全身減壓按摩。

專業面部護理：法國思蒂、日本澳之美、法國芳妍、德國妮頓絲、日本柔絲芬、專業瘦臉。

香芬浴SPA水療：水療香芬木桶浴、花浴、牛奶浴、精油理療減肥配合專業儀器減肥、全身美白脫屑。

休閒娛樂：線上炒股、酒吧、茶點盡情享受。

案例之二，百泉文彩（會員制）俱樂部

百泉文彩俱樂部是一家會員制、全國連鎖、專業管理的會所，已在北京、上海、內蒙古開設分會所，百泉文彩正式會員可自動獲得其他分會會籍，並享用連鎖俱樂部的設施和服務。

百泉文彩俱樂部包括文化書廊及熱帶風情健身運動中心，在熱帶風情的運動天地裡，有完善和先進的健身設施，親切、熱忱的專業健身指導和舞蹈教練。在中心的健身房、舞蹈房、游泳池、網球場、按摩池、棋牌室、桑拿及蒸汽房，會員盡可放鬆心情，將全身心沐浴在熱帶風情的雨露下，享受百泉文彩俱樂部的環境、服務。

文化書廊更是瑪亞文化的內涵、商務休閒、健身趣味的結合，提供一個動靜相宜的高雅場所，書廊內有書吧、陶吧及網吧，環境寧靜舒適，洋溢著濃郁的時代氣息和文化品味。

百泉文彩俱樂部既是一個充滿現代感又彌漫典雅魅力的高尚會所，而健身休閒、商務交流、文化會友及娛樂的綜合性是百泉文彩會所的一大特性。

案例之三，時代休閒俱樂部

該俱樂部的特色為：

1. 中國內首家大玻璃綠色健身房，擁有三百五十平方公尺的室外健美操活動場地及天然氧吧，並設有負離子發生器，猶如置身於大自然當中。
2. 中國內首創：營養＋健身相結合的科學鍛鍊方式，首家配備廚房和專業營養師的專業健身房，結合顧客的身體狀況和鍛練目標而配置的套餐，補充日常生活中缺乏的營養，達到由內至外的全面健康目標。
3. 深圳首家附設獨立水吧的休閒區，由深圳最優秀的專業音響師配置音響設備，當顧客品嘗著特製的系列綠色飲料時，會感到這裡的一切細節都在為他們的健康著想。
4. 深圳位置最佳的健身會所，緊臨體育中心的大型網球場、羽毛球場和游泳館，體育配套設施齊全，方便顧客進行多種運動。運動之餘，可在這裡享受舒適的桑拿浴和一系列的休閒活動。

到中國開店正夯《餐飲休閒篇》

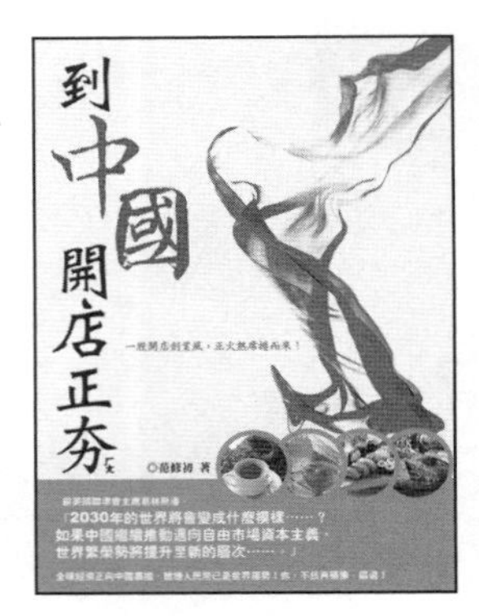

作　　者	范修初
發 行 人	林敬彬
主　　編	楊安瑜
編　　輯	蔡穎如
美術編排	玉馬門創意設計有限公司
封面設計	玉馬門創意設計有限公司
出　　版	大都會文化　行政院新聞局北市業字第89號
發　　行	大都會文化事業有限公司 110台北市信義區基隆路一段432號4樓之9 讀者服務專線：（02）27235216 讀者服務傳真：（02）27235220 電子郵件信箱：metro@ms21.hinet.net 網　　址：www.metrobook.com.tw
郵政劃撥	14050529　大都會文化事業有限公司
出版日期	2008年2月初版一刷
定　　價	250元
ISBN	978-986-6846- 26-7
書　　號	Success-029

Metropolitan Culture Enterprise Co., Ltd.
4F-9, Double Hero Bldg., 432, Keelung Rd., Sec. 1,
Taipei 110, Taiwan
Tel:+886-2-2723-5216　Fax:+886-2-2723-5220
E-mail:metro@ms21.hinet.net
Web-site:www.metrobook.com.tw

國家圖書館出版品預行編目資料

到中國開店正夯．餐飲休閒篇 / 范修初 著．
－－初版．－臺北市：大都會文化，2008.02
面；　公分．－（Success；29）
ISBN 978-986-6846-26-7（平裝）
1. 餐飲業管理 2. 商店管理 3. 創業 4. 中國

483.8　　　96023282

度小月系列

路邊攤賺大錢【搶錢篇】	280元	路邊攤賺大錢2【奇蹟篇】	280元
路邊攤賺大錢3【致富篇】	280元	路邊攤賺大錢4【飾品配件篇】	280元
路邊攤賺大錢5【清涼美食篇】	280元	路邊攤賺大錢6【異國美食篇】	280元
路邊攤賺大錢7【元氣早餐篇】	280元	路邊攤賺大錢8【養生進補篇】	280元
路邊攤賺大錢9【加盟篇】	280元	路邊攤賺大錢10【中部搶錢篇】	280元
路邊攤賺大錢11【賺翻篇】	280元	路邊攤賺大錢12【大排長龍篇】	280元

DIY系列

路邊攤美食DIY	220元	嚴選台灣小吃DIY	220元
路邊攤超人氣小吃DIY	220元	路邊攤紅不讓美食DIY	220元
路邊攤流行冰品DIY	220元	路邊攤排隊美食DIY	220元

流行瘋系列

跟著偶像FUN韓假	260元	女人百分百—男人心中的最愛	180元
哈利波特魔法學院	160元	韓式愛美大作戰	240元
下一個偶像就是你	180元	芙蓉美人泡澡術	220元
Men力四射—型男教戰手冊	250元	男體使用手冊—35歲+♂保健之道	250元
想分手？這樣做就對了！	180元		

生活大師系列

遠離過敏—打造健康的居家環境	280元	這樣泡澡最健康—紓壓·排毒·瘦身三部曲	220元
兩岸用語快譯通	220元	台灣珍奇廟—發財開運祈福路	280元
魅力野溪溫泉大發見	260元	寵愛你的肌膚—從手工香皂開始	260元

舞動燭光—
手工蠟燭的綺麗世界 280元

雞尾酒的微醺世界—
調出你的私房Lounge Bar風情 250元

肌膚也需要放輕鬆—
徜徉天然風的43項舒壓體驗 260元

別再說妳不懂車—
男人不教的Know How 249元

宅典 288元

空間也需要好味道—
打造天然香氛的68個妙招 260元

野外泡湯趣—
魅力野溪溫泉大發見 260元

辦公室也能做瑜珈—
上班族的紓壓活力操 220元

一國兩字—
兩岸用語快譯通 200元

寵物當家系列

Smart養狗寶典 380元

貓咪玩具魔法DIY—
讓牠快樂起舞的55種方法 220元

漂亮寶貝在你家—
寵物流行精品DIY 220元

我家有隻麝香豬—養豬完全攻略 220元

生肖星座招財狗 200元

SMART養兔寶典 280元

Good Dog—
聰明飼主的愛犬訓練手冊 250元

Smart養貓寶典 380元

愛犬造型魔法書—
讓你的寶貝漂亮一下 260元

我的陽光·我的寶貝—
寵物眞情物語 220元

SMART養狗寶典（平裝版） 250元

SMART養貓寶典（平裝版） 250元

熱帶魚寶典 350元

人物誌系列

現代灰姑娘 199元

船上的365天 360元

走出城堡的王子 160元

貝克漢與維多利亞—
新皇族的眞實人生 280元

瑪丹娜—流行天后的眞實畫像 280元

風華再現—金庸傳 260元

黛安娜傳 360元

優雅與狂野—威廉王子 260元

殤逝的英格蘭玫瑰 260元

幸運的孩子—
布希王朝的眞實故事 250元

紅塵歲月—三毛的生命戀歌 250元

俠骨柔情—古龍的今生今世 250元

她從海上來—張愛玲情愛傳奇	250元	從間諜到總統—普丁傳奇	250元
脫下斗篷的哈利—丹尼爾·雷德克里夫	220元	蛻變—章子怡的成長紀實	260元
強尼戴普—可以狂放叛逆，也可以柔情感性	280元	棋聖 吳清源	260元
華人十大富豪—他們背後的故事	250元		

心靈特區系列

每一片刻都是重生	220元	給大腦洗個澡	220元
成功方與圓—改變一生的處世智慧	220元	轉個彎路更寬	199元
課本上學不到的33條人生經驗	149元	絕對管用的38條職場致勝法則	149元
從窮人進化到富人的29條處事智慧	149元	成長三部曲	299元
心態—成功的人就是和你不一樣	180元	當成功遇見你—迎向陽光的信心與勇氣	180元
改變，做對的事	180元	智慧沙	199元（原價300元）
課堂上學不到的100條人生經驗	199元（原價300元）	不可不防的13種人	199元（原價300元）
不可不知的職場叢林法則	199元（原價300元）	打開心裡的門窗	200元
不可不慎的面子問題	199元（原價300元）	交心—別讓誤會成爲拓展人脈的絆腳石	199元（原價300元）
方圓道	199元	12天改變一生	199元（原價280元）
氣度決定寬度	220元	轉念—扭轉逆境的智慧	220元

SUCCESS 系列

七天狂銷戰略	220元	打造一整年的好業績	200元
		店面經營的72堂課	200元
超級記憶術—改變一生的學習方式	280元	管理的鋼盔—商戰存活與突圍的25個必勝錦囊	200元
搞什麼行銷—152個商戰關鍵報告	220元	精明人聰明人明白人—態度決定你的成敗	250元

書名	價格	書名	價格
人脈=錢脈—改變一生的人際關係經營術	180元	週一清晨的領導課	160元
搶救貧窮大作戰の48條絕對法則	220元	搜驚·搜精·搜金 —從 Google的致富傳奇中,你學到了什麼?	199元
絕對中國製造的58個管理智慧	200元	客人在哪裡?—決定你業績倍增的關鍵細節	200元
殺出紅海—漂亮勝出的104個商戰奇謀	220元	商戰奇謀36計—現代企業生存寶典I	180元
商戰奇謀36計—現代企業生存寶典II	180元	商戰奇謀36計—現代企業生存寶典III	180元
幸福家庭的理財計畫	250元	巨賈定律—商戰奇謀36計	498元
有錢眞好!輕鬆理財的10種態度	200元	創意決定優勢	180元
我在華爾街的日子	220元	贏在關係—勇闖職場的人際關係經營術	180元
買單!一次就搞定的談判技巧	199元(原價300元)	你在說什麼?—39歲前一定要學會的66種溝通技巧	220元
與失敗有約—13張讓你遠離成功的入場券	220元	職場AQ—激化你的工作DNA	220元
智取—商場上一定要知道的55件事	220元	鏢局—現代企業的江湖式生存	220元

大都會健康館系列

書名	價格	書名	價格
秋養生—二十四節氣養生經	220元	春養生—二十四節氣養生經	220元
夏養生—二十四節氣養生經	220元	冬養生—二十四節氣養生經	220元
春夏秋冬養生套書	220元(原價880元)	寒天—0卡路里的健康瘦身新主義	200元
地中海纖體美人湯飲	220元	居家急救百科	399元(原價300元)
病由心生—365天的健康生活方式	220元	輕盈食尚—健康腸道的排毒食方	220元
樂活,慢活,愛生活—健康原味生活501種方式	250元		

CHOICE系列

入侵鹿耳門	280元	蒲公英與我一聽我說說畫	220元
入侵鹿耳門（新版）	199元	舊時月色（上輯+下輯）	各180元
清塘荷韻	280元	飲食男女	200元
梅朝榮品諸葛亮	280元		

FORTH系列

印度流浪記一滌盡塵俗的心之旅	220元	胡同面孔一古都北京的人文旅行地圖	280元
尋訪失落的香格里拉	240元	今天不飛一空姐的私旅圖	220元
紐西蘭奇異國	200元	從古都到香格里拉	399元
馬力歐帶你瘋台灣	250元	瑪杜莎艷遇鮮境	180元

大旗藏史館系列

大清皇權遊戲	250元	大清后妃傳奇	250元
大清官宦沉浮	250元	大清才子命運	250元
開國大帝	220元	圖說歷史故事一先秦	250元
圖說歷史故事一秦漢魏晉南北朝	250元	圖說歷史故事一隋唐五代兩宋	250元
圖說歷史故事一元明清	250元	中華歷代戰神	220元
圖說歷史故事全集	880元（原價1000元）	人類簡史一我們這三百萬年	280元

大都會運動館系列

野外求生寶典一活命的必要裝備與技能	260元	攀岩寶典一安全攀登的入門技巧與實用裝備	260元
風浪板寶典一駕馭的駕馭的入門指南與技術提升	260元	登山車寶典一鐵馬騎士的駕馭技術與實用裝備	260元
馬術寶典一騎乘要訣與馬匹照護	350元		

大都會休閒館

書名	定價	書名	定價
賭城大贏家—逢賭必勝祕訣大揭露	240元	旅遊達人—行遍天下的109個Do & Don't	250元
萬國旗之旅—輕鬆成爲世界通	240元		

大都會手作館

書名	定價	書名	定價
樂活，從手作香皀開始	220元	Home Spa & Bath—玩美女人肌膚的水嫩體驗	250元
人脈=錢脈—改變一生的人際關係經營術（典藏精裝版）	199元	超級記憶術—改變一生的學習方式	220元

FOCUS系列

書名	定價	書名	定價
中國誠信報告	250元	中國誠信的背後	250元
誠信—中國誠信報告	250元		

禮物書系列

書名	定價	書名	定價
印象花園 梵谷	160元	印象花園 莫內	160元
印象花園 高更	160元	印象花園 竇加	160元
印象花園 雷諾瓦	160元	印象花園 大衛	160元
印象花園 畢卡索	160元	印象花園 達文西	160元
印象花園 米開朗基羅	160元	印象花園 拉斐爾	160元
印象花園 林布蘭特	160元	印象花園 米勒	160元
絮語說相思 情有獨鍾	200元		

工商管理系列

書名	定價	書名	定價
二十一世紀新工作浪潮	200元	化危機爲轉機	200元
美術工作者設計生涯轉轉彎	200元	攝影工作者快門生涯轉轉彎	200元

大都會文化　讀者服務卡

書號：**Sucuess029 到中國開店正夯《餐飲休閒篇》**

謝謝您選擇了這本書！期待您的支持與建議，讓我們能有更多聯繫與互動的機會。

日後您將可不定期收到本公司的新書資訊及特惠活動訊息。

A. 您在何時購得本書：______年______月______日

B. 您在何處購得本書：________書店（便利超商、量販店），位於_____（市、縣）

C. 您從哪裡得知本書的消息：1.□書店 2.□報章雜誌 3.□電台活動 4.□網路資訊 5.□書籤宣傳品等 6.□親友介紹 7.□書評 8.□其他________

D. 您購買本書的動機：（可複選）1.□對主題和內容感興趣 2.□工作需要 3.□生活需要 4.□自我進修 5.□內容為流行熱門話題 6.□其他________

E. 您最喜歡本書的：（可複選）1.□內容題材 2.□字體大小 3.□翻譯文筆 4.□封面 5.□編排方式 6.□其他________

F. 您認為本書的封面：1.□非常出色 2.□普通 3.□毫不起眼 4.□其他______

G. 您認為本書的編排：1.□非常出色 2.□普通 3.□毫不起眼 4.□其他______

H. 您通常以哪些方式購書：（可複選）1.□逛書店 2.□書展 3.□劃撥郵購 4.□團體訂購 5.□網路購書 6.□其他________

I. 您希望我們出版哪類書籍：（可複選）1.□旅遊 2.□流行文化 3.□生活休閒 4.□美容保養 5.□散文小品 6.□科學新知 7.□藝術音樂 8.□致富理財 9.□工商管理 10.□科幻推理 11.□史哲類 12.□勵志傳記 13.□電影小說 14.□語言學習（____語）15.□幽默諧趣 16.□其他________

J. 您對本書（系）的建議：________________

____

K. 您對本出版社的建議：________________

____

讀者小檔案

姓名：__________　性別：□男 □女　生日：____年____月____日

年齡：□20歲以下 □20～30歲 □31～40歲 □41～50歲 □50歲以上

職業：1.□學生 2.□軍公教 3.□大眾傳播 4.□服務業 5.□金融業 6.□製造業 7.□資訊業 8.□自由業 9.□家管 10.□退休 11.□其他________

學歷：□國小或以下 □國中 □高中／高職 □大學／大專 □研究所以上

通訊地址：________________

電話：(H)__________　(O)__________　傳真：__________

行動電話：__________　E-Mail：__________

◎謝謝您購買本書，也歡迎您加入我們的會員，請上大都會網站 www.metrobook.com.tw 登錄您的資料，您將不定期收到最新圖書優惠資訊及電子報。

到中國開店正夯
餐飲休閒篇

北區郵政管理局
登記證北台字第9125號
免貼郵票

大都會文化事業有限公司
讀者服務部收
110台北市基隆路一段432號4樓之9

寄回這張服務卡（免貼郵票）
您可以：
◎不定期收到最新出版訊息
◎參加各項回饋優惠活動

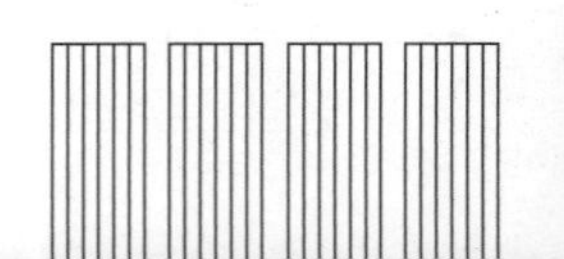